渔猎
文明

# 加 工

渔猎文明编委会　编著

中国大百科全书出版社

## 图书在版编目（CIP）数据

渔猎文明 . 加工 / 渔猎文明编委会编著 . -- 北京 : 中国大百科全书出版社，2025. 1. -- ISBN 978-7-5202 -1800-9

Ⅰ . S9-49

中国国家版本馆 CIP 数据核字第 20246NV630 号

总 策 划：刘 杭 郭继艳
策划编辑：张会芳
责任编辑：张会芳
责任校对：梁嬷曦
责任印制：王亚青
出版发行：中国大百科全书出版社有限公司
地 址：北京市西城区阜成门北大街 17 号
邮政编码：100037
电 话：010-88390811
网 址：http://www.ecph.com.cn
印 刷：唐山富达印务有限公司
开 本：710mm×1000mm 1/16
印 张：10
字 数：100 千字
版 次：2025 年 1 月第 1 版
印 次：2025 年 1 月第 1 次印刷
书 号：ISBN 978-7-5202-1800-9
定 价：48.00 元

# 总　序

这是一套面向大众、根植于《中国大百科全书》第三版（以下简称百科三版）的百科通俗读物。

百科全书是概要记述人类一切门类知识或某一门类知识的完备的工具书。它的主要作用是供人们随时查检需要的知识和事实资料，还具有扩大读者知识视野和帮助人们系统求知的教育作用，常被誉为"没有围墙的大学"。简而言之，它是回答问题的书，是扩展知识的书。

中国大百科全书出版社从 1978 年起，陆续编纂出版了《中国大百科全书》第一版、第二版和第三版。这是我国科学文化建设的一项重要基础性、标志性、创新性工程，是在百年未有之大变局和中华民族伟大复兴全局的大背景下，提升我国文化软实力、提高中华文化国际影响力的一项重要举措，具有重大的现实意义和深远的历史意义。

百科三版的编纂工作经国务院立项，得到国家各有关部门、全国科学文化研究机构、学术团体、高等院校的大力支持，专家、学者 5 万余人参与编纂，代表了各学科最高的专业水平。专家、作者和编辑人员殚精竭虑，按照习近平总书记的要求，努力将百科三版建设成有中国特色、有国际影响力的权威知识宝库。截至 2023 年底，百科三版通过网站（www.zgbk.com）发布了 50 余万个网络版条目，并陆续出版了一批纸质版学科卷百科全书，将中国的百科全书事业推向了一个新的高度。

重文修武，耕读传家，是我们中国人悠久的文化传承。作为出版人，我们以传播科学文化知识为己任，希望通过出版更多优秀的出版物来落实总书记的要求——推动文化繁荣、建设中华民族现代文明，努力建设中国式现代化强国。

为了更好地向大众普及科学文化知识，我们从《中国大百科全书》第三版中选取一些条目，通过"人居环境""科学通识""地球知识""工艺美术""动物百科""植物百科""渔猎文明""交通百科"等主题结集成册，精心策划了这套大众版图书。其中每一个主题包含不同数量的分册，不仅保持条目的科学性、知识性、准确性、严谨性，而且具备趣味性、可读性，语言风格和内容深度上更适合非专业读者，希望读者在领略丰富多彩的各领域知识之时，也能了解到书中展示的科学的知识体系。

衷心希望广大读者喜爱这套丛书，并敬请对书中不足之处给予批评指正！

《中国大百科全书》编辑部

# "渔猎文明"丛书序

　　狭义的渔业仅包括捕捞业和水产养殖业的生产活动及其产品，甚至仅指捕捞渔业；广义的渔业除包含捕捞业和水产养殖业外，还包含加工、贮藏、流通等在内的第二产业和第三产业成分。渔业的发展不仅为人类提供大量优质的动物蛋白质和脂肪源，改善人类食物结构，也为解决人口日益增长对食物的需求起到了重要作用，还促进了社会就业和经济发展，与国计民生有着重要关系。

　　《中国大百科全书》第三版中渔业是其中一个一级学科，从广义渔业的角度荟萃中外渔猎文明及学科最新研究成果，是一部立足中国、放眼世界的中国首部渔业综合性百科全书。为更广泛地传播学科知识，我们策划了"渔猎文明"丛书，从渔业学科中精选内容分编为《捕捞》《淡水养殖》《海水养殖》《加工》四个分册。

　　渔业历史悠久，可追溯到远古的渔猎时期。古籍记载和考古出土的文物都证明了在长达几十万年乃至上百万年的岁月中，渔猎是原始社会人类获取鱼、贝等重要食物的主要手段。随着捕捞工具的发展和渔场的发现，渔业作业方式即渔法也随之发展，《捕捞》分册主要从渔船、渔法和渔场三个方面介绍了渔猎文明之捕捞。

　　世界上几个文明古国都有悠久的养鱼历史，中国是世界公认的水产养殖的摇篮。在河南贾湖遗址出土的鲤骨骼证明，在约6000年前中国已开始了水产养殖活动，这也是人类最早进行水产养殖的记录。中华人民共和国成立后，中国水产养殖业发展迅速，且在"以养殖为主"的发展过程中，中国人民结合以往积累的经验走出了适合国情特点的水产养殖发展之路，形成了具有中国特色的水产养殖种类结构。《淡水养殖》《海水养殖》分册按水域分别介绍了渔猎文明之淡水养殖和海水养殖的技术。

早在原始社会渔猎生活时期，人类就学会了利用低温、光照、风力等自然条件和火上熏烤等方法储藏多余的猎物，并在人们的长期食用过程中，逐步发展起了多种加工方法，加工出多种风味的水产品。《加工》分册主要从水产品加工品、加工技术及保藏三个方面介绍了古今中外水产品加工领域的知识。

希望这套丛书能够让读者更多地了解和认识古老而又年轻的渔猎文明，起到传播渔业科学知识的作用。

渔猎文明丛书编委会

# 目　录

第 **1** 章　水产品加工　1

**生食水产品 7**

　生食贝类 9

　生鱼片 11

**水产干制品 13**

　水产干制食品 13

　调味干制品 15

　盐干品 17

　煮干品 18

　生干品 19

　半干食品 20

**水产冷冻加工品 22**

　水产冷冻加工制品 22

　生鲜冷冻品 23

**冷冻调理食品 24**

**鱼糜制品 25**

　虾片 25

　鱼香肠 27

　鱼卷 28

　鱼丸 30

**鱼粉加工制品 31**

　鱼粉 31

　浓缩鱼蛋白 32

**鱼油加工制品 32**

　鱼油 32

　鱼油微胶囊 34

　氢化鱼油 35

**水产熏制品 36**

熏制水产品 36

熏制鱼 37

熏制头足类 39

熏制贝类 40

**水产腌渍食品 41**

醉制水产品 44

糟制水产品 46

盐渍水产品 47

醉制 49

糟制 51

盐渍 52

**水产罐头食品 54**

油浸类水产罐头 57

调味水产罐头 59

茄汁水产罐头 60

清蒸水产罐头 61

水产软罐头 62

**水产调味品 63**

水产发酵制品 68

海鲜调味基料 69

水产调味沙司 70

**水产保健食品 71**

角鲨烯 74

$\omega$-3 高度不饱和脂肪酸 76

食用微藻粉 77

硫酸软骨素 77

虾青素 79

海参皂苷 81

**水产医药品 83**

鱼肝油 86

鱼精蛋白 88

藻酸双酯钠 90

**水产化工制品 92**

甘露醇 92

甲壳素 95

壳寡糖 98

壳聚糖 99

## 第2章　水产品加工技术　101

### 水产品干制技术　101

热风干燥　103

微波干燥　105

天然干燥　106

喷雾干燥　107

冷冻升华干燥　108

远红外干燥　109

### 水产品熏制技术　110

冷熏　113

液熏　114

温熏　115

热熏　117

## 第3章　水产品保藏　119

### 水产品保活　124

低温保活　127

充氧保活　130

麻醉保活　131

### 水产品保鲜　133

气调保鲜　136

低温保鲜　138

生物保鲜　142

辐照保鲜　144

化学保鲜　147

# 第1章
# 水产品加工

水产品加工是指利用机械、物理、化学或微生物学等方法，将渔业生产活动所获取的水产动植物产品进行保鲜与加工的过程。

## ◆ 简史

### 中国水产品加工简史

中国从周朝就开始采贮天然冰对获取的水产品进行保鲜，并逐渐发展到用天然冰对水产品进行长时间贮藏和长距离运输。明清时期，已出现较大规模的专业冰厂，长江产的鲥鱼用冰保鲜，可以在22个时辰（44小时）内运达北京。东魏贾思勰所著《齐民要术》对于水产品加工技术及方法有比较详细的记载，加工方法包括鲊、酱、脍、脯、腊及炙、煎、蒸、煮、羹、臛等。随着生产率的提高，渔获物逐渐有了剩余，水产品的利用开始超越食用范围。夏商周时期，开始将一部分水产品用于加工装饰品、货币及建筑材料等，如用鱼皮制作衣服、刀鞘，用海洋贝壳制作货币，用鱼鳔制作粘胶，用贝壳制作石灰等。生活于中国东北地区的赫哲族至今仍有用鱼皮制作衣服的传统。在食用水产品的过程中，人类逐渐认识到水产品的保健作用，元代忽思慧著的《饮膳正要》从营养学角度叙述了鱼、虾等水产品的食疗保健功能；明代李时珍著的《本草纲目》详细记录了药用水产品的种类、药性、主治功效和历代药方。

中国近代水产加工业始于清末至中华民国时期。19 世纪 80 ～ 90 年代，西方国家发明了人工制冷技术。1908 年以后，中国沿海港口大连、塘沽、烟台、青岛、上海、定海等地出现小型人工制冰厂，向渔船供应冰以保藏渔获物。江苏南通颐生罐头合资公司最早开始生产鱼类、贝类罐头。1919 年，河北昌黎建成新中罐头股份有限公司，生产对虾、乌贼、鲤等罐头。此后，天津、烟台、青岛、上海、舟山等地陆续兴建了一批罐头厂。

中华人民共和国成立初期，国家通过没收帝国主义和官僚资本的水产企业、改造资本主义水产企业和新建国营水产企业等方式，推动了中国水产品加工的兴起和快速发展。在此期间，扩建和新建了部分冷藏制冰和更多的腌鱼池和晒场等保藏加工设施，综合性国营水产公司逐步建立了水产加工厂，腌干制品等传统水产食品加工规模、制冰与冷藏加工能力迅速扩大。1951 年建成了中国第一个鱼肝油厂——青岛鱼肝油厂（今青岛双鲸药业有限公司），1955 年在舟山建立了鱼粉加工厂，1957 年在大连建立了旅大水产加工厂等，结束了仅能生产盐干制品和少许冷冻品的水产加工历史。1957 年，中国年产盐干制品 1.98 万吨，水产制冰能力达 709 吨 / 日、冻结能力达 428 吨 / 日、冷藏能力达 17702 吨 / 次。中国自 20 世纪 50 年代末开始研究从海带中制取褐藻胶、碘、甘露醇和氯化钾等综合利用工艺，于 60 年代末投入工业生产，海藻工业产品的制取得到迅速发展。至 80 年代初已形成了较为完善的海藻加工产业，并以褐藻胶为原料成功研制了中国具有国际先进水平的第一个现代海洋药物——藻酸双酯钠（PSS），开创了中国的海洋药物事业。70 年代以后，冷冻、冷藏、制冰技术加速发展，腌干制品比例逐渐降低，水产品加工方式由粗加工向精深加工转变。1975 年，广东省宝安县（今深圳市宝安区）沙井水产试验站试制成功常压蚝油浓缩器，提高功效 10 倍左右；1979 年，上海鱼品厂生产了鱼脂酸丸；接着，上海东海水产研究所投产了天然鱼油型鱼油烯康丸；后来，天津、大连、无锡、厦门、浙江新昌等相关制药、保健品生产企业相继推出了鱼油产品，已发展成包括鱼肝油、甘油三酯型鱼油及磷脂型鱼油（南极磷虾油）等系列产品。1979 年，当时的国家水产总局提出冷冻小包装水产加工食品的建议，小包装水产食品发展迅速。1981 年，冷冻小包装水产食品产量达 1.2 万多吨。80 年代是中国水产品加工业大发展的重要时期，分别从日本和丹麦引进了烤鳗生产线、冷冻鱼糜及鱼糜制品生产线、紫菜加工生产线和湿法鱼粉生产线；并在引进日本自控低温干燥设备的基础上，试制成功 GD 型冷热风干燥设备，以马面鱼片为主的烤鱼片加工产业快速发展。至 21 世纪，湿法鱼粉生产线和冷冻鱼糜及鱼糜制品生产线设备已全部实现国产化，并且自主研制的具有国际先进水平的智能高效紫菜加工生产线出口至日本。进入 21 世纪，随着生活水平的提高，国民对健康生活的要求不断提升，水产健康食品产业快速发展，以海参为代表的海珍品加工产业快速发展，加工技术向现代化转变。

### 世界水产品加工简史

工业革命之前，世界各国的传统水产加工品主要都是手工作坊型的加工制作，加工方式主要是腌制、干制与熏制品，只是具体的鱼品种、配料及风味稍有不同，形成各种地方特色。中国古代将盐渍后的鱼加米饭发酵而成的鱼鲊制品传入日本后使用至今。日本另有糠渍品，腌渍后贮藏发酵，借助米糠中碳水化合物、酵母和乳酸菌的作用，生成乳酸和风味物质渗入鱼体，也有加曲发酵，经半年至一年成熟。在英国等欧洲国家通常将鲐、鲱在腌渍基础上添加醋酸浸渍（醋渍）或添加胡椒、肉豆蔻、芫荽、桂皮、啤酒花、姜等香辛料的香料渍。北欧国家有大量的各种熏鱼制品，较多冷熏的干制品。

1810年，法国的N.阿培尔发表了《动物食品之长期贮藏法》。1884年，L.巴斯德进一步揭示了这种保藏法的原理在于密封加热杀菌作用，于是，罐藏食品问世。阿培尔发明罐头制造法首先使用的原料就是龙虾与鱼类，英国也使用鲑鳟鱼与龙虾。19世纪下半叶，罐头食品传入美国、日本和俄国。20世纪初叶，水产罐头已经成为现代水产加工业的一个重要产品，油浸金枪鱼罐头成为经典制品。

20世纪初，因锅炉与电力的普及，人工热风干燥的水产品烘干房开始出现；五六十年代，工业国家广泛应用干制鱼类、海带、紫菜。中国使用人工热风干燥始于七八十年代。后红外干燥与真空冷冻干燥开始较普遍使用。

1860年，法国人卡拉发明了氨压缩式制冷机；1877年，法国人C.泰利耶首先以氨压缩式制冷机冷冻牛、羊肉，出现了冷冻食品。20世纪50年代在美国首先出现速冻食品，后来发展得非常迅速。自从水产冷冻食品出现与冷链普及，90%的水产品都以低温的形式保鲜、制作、流通。

20世纪，水产加工除了应用技术的进步，更主要的是与水产加工相关的科学研究取得了前所未有的进步。1928年，英国建立世界上第一个水产研究所——托利水产研究所，应用现代科技对鱼、贝、虾、藻类的加工基础进行科学研究。其后，加拿大渔业与海洋部贝德福德海洋研究所、日本中央水产研究所进行了水产加工的科学研究，形成世界三大水产加工研究场所。

70年代，日本在水产加工领域取得3项重要研究成果：①率先利用狭鳕生产出了各种鱼糜制品，后来经过不断的深入研究，形成了系统的鱼糜生产基础理论，在这个理论指导下，鱼糜的生产技术与设备传遍了整个世界。②通过研究鱼类中腺苷三磷酸的降解作用，提出了鱼类鲜度质量指标K值，后被世界各国采纳。③从研究各种鱼肉的冰点着手，发现了 -3℃ 时保藏鱼类比冰鲜方法具有更大的优越性。从而提出"微冻"保鲜的方法，也被世界各国采用。70年代中期，鱼油中多不饱和脂肪酸的功能被发现。通过世界各地流行病学调查与实验研究分析，发现鱼油含有大量的n-3多不饱和脂肪酸，具有降低人体血管中胆固醇的作用。80年代的进一步研究，又发现鱼油的二十二碳六烯酸（DHA）和二十碳五烯酸（EPA）的保健功能，从而在世界各国掀起了一股持续的"鱼油热"，各种鱼油制品纷纷登台亮相。

90年代，水产加工科技的基础研究又有三大突破。①日本京都大学一位教授发现，食品中的微生物在400兆帕压力下会受到抑制，利用此原理，可以不用高温杀菌就能生产出色、香、味俱佳的食品来。此类产品已有上市，深受消费者欢迎。②90年代初，肉类食品加工领域的研究中提出了"栅栏效应"理论。该理论认为，通过多个强度缓和的保质"栅栏"的协同作用，实现食品微生物的稳定抑制，为高水分水产调味干制品的研究指明了方向。③危害分析与关键点控制（HACCP）理论。这是一个预防和保证水产品食用安全的控制体系。该理论60年代开始在美国航天食品上使用，经过20多年的补充和完善，美国政府于1995年12月正式发布，并于1997年12月18日起执行。至2022年，世界上多数国家都根据该理论制定了各自的实施方法。

此后，发达国家水产品加工以理论研究为先导，引领着技术的进步和发展；研究内容呈多样化，利用水产品中丰富的活性物质，开发保健食品等高附加值产品，值得重点关注。国际上针对鱼糜、鱼糜制品、鱼油、鱼粉等水产加工的系列装备产品不断涌现。美国、加拿大、日本、挪威、瑞士、德国等国家在加工前处理装备方面自动化程度也逐渐提升。

◆ 加工目的

水产品加工的目的在于：①防止微生物及各种物理、化学作用所引起的腐败变质，提高产品的保藏性。②增加食品花色品种，满足不同消费者的需求和均衡市场供给的需要。③改善食品的营养、风味、外观和卫生状况，提高产品的食用价值和商品价值。

◆ 基本内容

水产品加工的制品一般多指食品，但有时也包含药品、动物饲料、工业制品等。水产品加工包括水产品化学、水产品保藏、水产食品加工、水产品综合利用四大类。

水产品化学主要涉及水产品营养成分、活性成分及色香味成分的研究。水产品保藏过程中保鲜的目的在于，防止水产品在生产、加工、流通过程中的腐败变质，保持其良好的鲜度和品质。使用最广泛、效果最好的是低温保鲜。常规保鲜手段主要有低温保鲜、化学保鲜和气调保鲜等。随着保鲜技术的不断发展及消费者对食品安全问题的关注，更多的新型保鲜手段如生物保鲜等得到越来越多的应用。水产食品加工主要包括生食水产品、冷冻加工品、干腌制品、发酵制品、熏制品、鱼糜制品、罐头制品、发酵食品、调理食品和调味品等的加工。相应地，水产食品加工行业可分为生食水产品加工、水产冷冻食品加工、水产干制品加工、水产发酵制品加工、水产腌制食品加工、水产熏制品加工、鱼糜与鱼糜制品加工、水产罐头食品加工、水产调理食品加工、水产调味品加工几大类。水产品综合利用主要包括鱼油、鱼粉制品加工，水产化工制品加工，保健、医药制品加工，以及海藻肥和宠物食品等的加工。

# 生食水产品

生食水产品是指经过清洗、整理，或经腌制或醉制等加工工艺，未经加热煮制即可直接进食的鲜活或冷冻鱼类、甲壳类、贝壳类、腔肠类和头足类等动物性食品的统称。

## ◆ 种类

市场上的生食水产品主要有生鱼片、生食贝类和生食虾蟹 3 类。生鱼片主要有金枪鱼、三文鱼、鲈鱼、黑鱼等，其中蓝鳍金枪鱼因其肉质鲜美细腻，油脂丰厚，富含 $\omega$-3 多不饱和脂肪酸二十二碳六烯酸（DHA）和二十碳五烯酸（EPA），是制作生鱼片的高级原料。生食贝类主要指双壳纲（贝类）或腹足纲（螺类）的水产动物，其常见的生食种类有魁蚶（赤贝）、毛蚶、泥蚶、牡蛎和蝾螺等，具有高蛋白、低脂肪，以及丰富的钙、磷、铁、锌、维生素 B、烟酸等营养特点。生食虾蟹指直接食用的虾蟹类水产品，常见的生食虾类主要包括河虾、白虾、沼虾、凡纳滨对虾、草虾、基围虾、龙虾等，常见的生食蟹类主要包括青蟹、梭子蟹、雪蟹（蜘蛛蟹）、帝王蟹、石蟹、中华绒螯蟹、蝤蛑等。

◆ **加工与食用方法**

生食水产品的种类繁多，不同地区生食水产品种类有所不同，加工与食用方法也有所不同。生食水产品的典型加工与食用方法有：①盐腌后生食。将新鲜（或鲜活）的水产品加入适量食盐，放置一定时间后食用，如咸梭子蟹、咸蝤蛑等。②盐腌和醉制。将新鲜或鲜活水产品除加入适量食盐外，再加入酒、食糖、食醋、味精等调味品，放置一定时间后食用，如醉蟹、醉螺等。③盐腌和矾制。捕获的新鲜海蜇有毒，必须用食盐加明矾一起腌制，以盐矾腌渍 3 次且去毒和去水较好的海蜇（俗称三矾）视为上乘，佐以调味料即可食用，如凉拌海蜇等。④盐腌和发酵。将加入适量食盐的新鲜水产品经过发酵后食用，如虾酱、温州鱼生等。⑤酒炝。将鲜活水产品在食用前洗净，加入白酒、食糖、食醋、酱油、生姜等调味品待数分钟后食用，如炝虾等。⑥不经腌、醉，在食用时用调味品蘸食。有些贝类，如牡蛎、毛蚶等洗净、剥壳即可蘸取酱油、食醋食用；有些鱼类，如三文鱼只需剥皮、切片即可蘸取芥末食用。

◆ **风险**

生食水产品营养丰富、滋味鲜美，并可最大限度保留食材的天然属性，包括感官特性、热敏性营养素和内源性酶系、水溶性和功能活性成分等，但无法享用热加工产生的特殊风味；同时，易遭受生物性因素引发的食源性疾病的安全危害。生食水产品可能引发的生物性危害具体可分为：①寄生虫。可引发人类疾病，常涉及的有线虫、绦虫和吸虫。鱼能被原生动物寄生感染，但没有鱼类感染原生动物疾病传播给人类的记录。②病毒。从被人类或动物粪便污染的沿海水域中捕获的贝类，可能含有对人体致病的病毒。③细菌。捕获时的鱼的污染程度取决于捕获时的环境及捕获时鱼所存在水体中的细菌学状况。捕获时细菌一般存在于鱼的皮肤、鳃及肠胃中。在捕获时造成产品污染并对公众健康有安全隐患的微生物有两大类：一类是通常或偶然存在于水环境中的自然微生物菌群，有嗜水性单孢菌、肉毒梭菌、副溶血弧菌、霍乱弧菌、创伤弧菌、单核细胞增生性李斯特氏菌；另一类是通过生活或工业废物造成的环境污染产生的非自然微生物菌群，包括肠道杆菌，如沙门氏菌属、志贺氏菌属、大肠埃希氏菌。其他可从鱼体中分离出来的、能引起食物源疾病的微生物种类有迟钝爱德华氏菌、类志贺邻单孢菌、小肠结核炎耶尔森氏菌，也有金黄色葡萄球菌出现。弧菌是海岸及河口环境中的常见菌，水产品捕获后迅速冷冻可降低这些生物增殖的可能，从而降低健康风险。副溶血性弧菌的一些菌株有致病性，能够产生耐热毒性。

## 生食贝类

生食贝类是指食用前洗净、去壳，且未经热处理即可直接或蘸调味料食用的双壳纲（贝类）或腹足纲（螺类）水产动物的统称。

常见的生食贝、螺类有毛蚶、泥蚶、魁蚶（赤贝）、牡蛎和蝾螺等，具有高蛋白、低脂肪及丰富的钙、磷、铁、锌和维生素 B、烟酸等营养特点。尤其是魁蚶，含有能抑制胆固醇在肝脏中合成和加速胆固醇排泄的独特成分，其功效甚至比常用降胆固醇的药物谷固醇强。扇贝营养价值高，含丰富的不饱和脂肪酸二十二碳六烯酸（DHA）和二十碳五烯酸（EPA）。鲍鱼肉含有丰富的球蛋白，肉中含有一种被称为"鲍素"的成分，能够破坏癌细胞必需的代谢物质。牡蛎肉营养丰富，素有"海底牛奶"之美称。

但由于近海养殖的生食贝类产品的过滤和吸附能力较强，且食用前未经过热加工处理，因此食用时也可对人体健康造成危害。主要危害因素为：①环境化学污染物。如重金属和农药残留等。②致病菌。如副溶

毛蚶

魁蚶

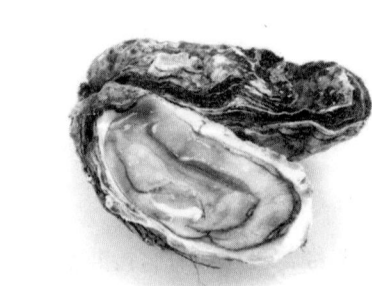

牡蛎

蝾螺

血和霍乱弧菌等。③寄生虫。如华支睾吸虫、异尖线虫、广州管圆线虫等。④贝类毒素或螺毒素。如麻痹性贝类毒素（PSP）、腹泻性贝类毒素（DSP）、神经性贝类毒素（NSP）、健忘性贝类毒素（ASP）等，和织纹螺的河鲀毒素（TTX）、石房蛤毒素（STX），以及接缝香螺、间肋香螺和油螺等的唾液腺神经毒素——四甲胺等螺毒素。⑤病毒。大多是从被人类或动物粪便污染的沿海水域中捕获的贝类所携带的。所有源于海产品的病毒引发的疾病都是通过粪—口途径传播的，大多数胃肠炎的暴发与食用了被污染的贝类尤其是生牡蛎有关。相关的肠道病毒是甲肝病毒、小杯病毒、星形病毒和诺沃克病毒。

通常病毒是比较专一的种类，不能在食品或寄主细胞以外的任何地方生长或繁殖。没有可靠的标记可以指示贝类养殖水域存在病毒。源于海产品的病毒检测困难，需要相关的分子学方法。

贝类食用前可先净化处理，但对贝类来说，通过自身净化清除病毒污染要比清除细菌污染的时间长，热处理可以破坏贝类中的病毒（85～90℃，1.5分钟）。食用时辅以酱油、醋、酒、芥末等调味料，也可以起到一定杀灭病原微生物的作用。

## 生鱼片

生鱼片是鱼类肌肉组织切成片、条、块等形状，蘸上酱油和芥末等佐料后可直接生食的食物总称。广义还包括头足类的乌贼、章鱼，甲壳类的虾、蟹、贝类、海胆等海产品切片、条、块后蘸料生食。生鱼片又称鱼生，中国古称鱼脍、脍、鲙，日语中称刺身。生鱼片最常用的材料是鱼，且多数是海鱼。

生鱼片的食用起源于中国，有着悠久的历史，后传至日本、朝鲜半岛等地，现已成为出名的日本料理之一。早在先秦时期（公元前 21 世纪~前 221），中国就有食用生鱼片的记载。先秦时期的文学作品《诗经·小雅·六月》载："饮御诸友，炰鳖脍鲤。"其中，"脍鲤"就是切成薄片的鲤鱼肉。因做脍的原料以鱼为多，所以"脍"又写作"鲙"。近现代中国北方赫哲族的一些村落仍然有吃生鱼片的传统，而南方某些汉族聚居区亦留有吃生鱼片的习俗。

金枪鱼在国际上享有"刺身之王"的美誉。金枪鱼又称鲔鱼，华人世界称其为"吞拿鱼"。蓝鳍金枪鱼的大腹、中腹肉质鲜美细腻，油脂丰厚，且 $\omega$-3 高度不饱和脂肪酸二十二碳六烯酸（DHA）和二十碳五烯酸（EPA）含量居各种食物之首，是制作生鱼片的高级原料。2013 年 1 月 5 日，在日本东京筑地水产市场，1 条重 222 千克的蓝鳍金枪鱼以 1.55 亿日元（约合人民币 1000 万元）价格成交，创造了当时的历史纪录。

除富含高度不饱和脂肪酸外，生鱼片还拥有较高的蛋白质消化利用率（83%~90% 的鱼肉蛋白可为人体吸收，而禽肉仅为 75%）和较快的蛋白质消化速率（鱼肉在胃中消化需 2~3 小时，而牛肉需 5 小时），且其没有经过传统的炒、炸、蒸等烹饪方法处理，营养成分流失极少，最大程度上保留了水产品原有的优良风味。

虽然营养价值高、风味好，但生鱼片在食用时也存在一定的风险，其中最大的生物性危害是食源性寄生虫，特别是异尖线虫在海水鱼中普遍存在，威胁人体健康。因此，美国和欧洲的一些国家已出台了针对性的食品安全法规，规定鱼肉必须预先处理以杀死异尖线虫的幼虫；为保持鱼肉的食用价值，截至 2023 年，仍然以冷冻法为主要杀死异尖线虫的方法。美国食品药品监督管理局（FDA）规定，鱼肉必须在 -35℃ 冷冻 15 个小时或是 -20℃ 冷冻 7 天后才能食用，而欧盟的标准则是 -20℃ 冷冻超过 24 小时。虽然冷冻方法能够有

生鱼片拼盘

效地抑制异尖线虫病的发生率，但是日本出于对鱼肉"新鲜口感"的极度追求，并没有强制规定采用冷冻法处理鱼肉的要求，致使异尖线虫病感染案例较多。另外，华支睾吸虫（肝吸虫）是淡水鱼中常见的寄生虫，华支睾吸虫进入人体后可寄生于胆囊内，会引起胆囊发炎和胆道堵塞，从而使肝细胞坏死，诱发肝硬化和肝癌。

虽然消费者在食用生鱼片时通常辅以酱油、食醋、芥末等调味料，但并不能完全起到杀灭寄生虫的作用，因此，选用污染度小、新鲜度高的原料并在食用前对其进行冷冻处理，才可能最大程度上保障生鱼片的食用安全性。

# 水产干制品

## 水产干制食品

水产干制食品是指以新鲜或冻藏水产品为原料，直接或经过盐渍、预煮后，在自然或人工条件下脱水制成的干燥水产品。

## ◆ 沿革

水产干制食品在中国有悠久的生产历史。早在公元前 5 世纪的周代，中国就已开始制作、销售、食用干鱼。在生产实践中，中国劳动人民不断改进水产品的腌制和干制工艺，开发出腊鱼、熏鱼、酒糟鱼等产品。20 世纪 50 年代以来，现代干制技术不断引入水产品干制加工，中国水产干制食品产量持续增长，已成为中国水产加工品的第二大类型。干制是一种传统的水产品加工保藏方法，鱼、虾、贝、头足类、藻类等水产品均可被加工成干制水产食品。受原料鲜度要求限制，在中国水产干制食品生产地主要集中于沿海及中南地区。

## ◆ 类型

受自然条件、饮食习惯和原料特性的影响，不同地区居民采用了不同的腌制、干制工艺，生产出风味各异的水产干燥食品。按干燥前的预处理方法和干制工艺的不同，可将水产干制品分为生干品（淡干品）、煮干品（熟干品）、盐干品、调味干制品和半干食品等类型。

## ◆ 生产工艺

不同类型水产干制食品的生产工艺流程存在一定的差异。生干品的生产工艺最为简单，煮干品需要将水产品煮熟后再干燥，盐干品需要经过腌渍处理后再干燥。干燥是水产干制食品生产的关键工序，干燥方法和条件会影响其干燥速率和干制品质量，在实际生产中，需要根据产品类型、特性和品质要求进行合理选择。

## ◆ 包装与贮藏

水产干制食品的含水量低且含有大量的不饱和脂肪酸，当其包装不良或暴露在空气中时，易吸收空气中水蒸气而使水产干制品的水分活度升高，脂质易氧化酸败，导致制品发生颜色、滋味和气味等变化，影响成品质量和货架期。另外，水产干制食品在贮藏中易受到蚊蝇等侵害，条件适宜时虫卵孵化变成幼虫，显著损害水产干制品的商品价值。水产干制食品在贮藏过程中，要保持包装良好、低温环境并防止蚊蝇侵染。

在干燥过程中，由于加热、干燥等处理，水产品物料会发生体积缩小、重量减轻、表面硬化、多孔性等物理变化，以及蛋白变性、脂肪氧化、维生素破坏、褐变、色泽变暗及挥发性风味物质损失等化学变化。水产干制品具有保藏期长、重量轻、体积小、便于贮藏和运输等优点，但干燥同时会导致蛋白质变性、脂肪氧化酸败，对产品的风味和口感造成不同程度的影响。

## 调味干制品

调味干制品是指将鱼、虾、贝等水产原料经过调味料拌和或浸渍后再进行干燥获得的水产品，或先将原料干燥至半干状态后浸渍调味料，然后再干燥获得的水产品。

调味干制品的起源最早可追溯到中国北朝北魏时期。在《齐民要术》中详细记载了"鳢鱼脯"（调味干鱼）的制作方法；在南宋时期的古菜谱《浦江吴氏中馈录》记载了风干咸鱼的制作方法；在元、明、清时期的古籍《居家必用事类全集》（元）、《饮馔服食笺》（1591）、《食宪鸿秘》（1680）和《醒园录》（1750）等均有介绍调味干制咸鱼的制作方法。至20世纪70年代初期，中国南方首先开发和发展了调味熟干品，如厦门生产的"香甜鱿鱼丝""目鱼丝",浙江等地生产的"五香鱼脯""五香烤鱼"等,畅销国内市场。在70年代后期至80年代初期,开发了马面鲀调味生干和熟干制品的加工工艺。80年代开发出烤鳗、烤紫菜等调味干制品的加工技术,并将热风干燥技术应用到了调味鱼片、海带、裙带菜、沙丁鱼等干燥加工中。90年代,开发了水产品低温干燥技术,使调味干制品的品质和食用安全性得到了较大提升。进入21世纪,随着食品加工技术快速发展和人们对食品安全的日益关注,通过对加工技术进行革新,开发了"真空冷冻干燥技术""微波真空干燥技术"以及"冷冻与微波真空联合干燥技术"等。

调味干制品加工工艺集成了调味、干燥和包装等技术手段,弥补了传统干制加工制品口味单一的缺陷。调味干制品的原料一般可选用中上层鱼类、海产软体动物或者鲜销不太受欢迎的低值水产品等。调味料主要采用酱油、食盐、砂糖、麦芽糖、甜料酒、香辛料等按一定比例混合配制而成,其中可溶性固形物(如食盐、砂糖等)可以有效降低水分活度,抑制微生物的生长繁殖和其他引起水产品变质的各种反应,从而有效延长制品的保藏期限。

调味干制品加工工艺简单,设备投资少,原料来源广泛,是实现大宗水产品加工增值的有效途径之一。调味干制品具有水分活度低、耐贮藏、风味和口感较好、方便即食等特点。主要调味干制品有五香烤鱼、珍珠烤鱼、香辣鱼丝、鱿鱼丝、鱼松、调味海带、调味紫菜等。以烤鱼片为例,其加工工艺包括:①选料。原料鱼为马面鲀、鳕鱼等。②漂洗、沥水。③剖片。④脱腥。⑤调味、渗透。⑥摊片。即摆片。⑦烘干。

⑧揭片。⑨烘烤。⑩轧片和整形。⑪包装等。以调味鱿鱼丝为例，加工工艺包括：鱿鱼选料，三去（去头、去鳍、去内脏），清洗、脱皮，蒸煮、冷却，调味、渗透，烘干，水分调整，焙烤，压片、拉丝，调味、渗透，干燥和包装等。

## 盐干品

盐干品是将水产品原料经盐渍、漂洗再进行干燥等工序加工成的水产干制品。

盐干加工将腌制和干制两种工艺结合起来，食盐不仅可使原料脱去一部分水分、有利于干燥，而且可在加工和贮藏过程中防止原料和制品的腐败变质。盐干品分为盐渍后直接干燥和经漂洗后再干燥两类。

盐干加工利用食盐和干燥的双重防腐作用，在鱼货多、来不及处理或阴雨天无法干燥的情况下，先用盐渍保存原料，等到天晴时再进行晒干或风干。盐干加工多用于不宜进行生干和煮干加工的大、中型鱼类，以及不能及时进行生干和煮干加工的小杂鱼等原料的加工。

盐干加工过程中，按照用盐方式，可将腌制工艺分为干盐渍法、盐水渍法、混合盐渍法和低温盐渍法。

盐干品加工较简便，适用于高温和阴雨季节时加工，保质期长，但成品咸味重、肉质干硬、复水性差，易出现"油烧"（脂肪氧化）。随着人们生活质量的提高和食品安全意识的增强，高盐的传统盐干品已经开始向低盐的制品（半干品）转化。低盐制品水分含量较传统盐干品高，含盐量低，肉质软硬适中，风味较佳，口感较好，但贮藏性差，需在低温（冷藏、冷冻等）条件下进行贮藏和流通。

## 煮干品

煮干品是将鱼、虾、贝等新鲜水产原料经清洗等预处理后，再经煮熟、干燥等工序加工成的制品，又称熟干品。

煮熟处理不仅可使原料肌肉蛋白质凝固脱水、肌肉组织收缩疏松，从而在干燥过程中加快原料组织内部的水分扩散速度、缩短干燥时间、提高干燥设备的利用效率，而且可杀死细菌、失活原料组织中各种酶类的活性，固定原料原有品质，防止其在干燥和保藏过程中变色、变味等现象发生。为加速脱水，煮熟时可加3% ～ 10%的食盐。

原料鲜度对煮干品品质有重要影响，用于煮干加工的原料须具有较高的新鲜度。在干燥过程中，原料中不饱和脂肪酸会因长时间受热氧化使制品品质下降，故煮干加工不适用于含有较多不饱和脂肪酸的大型水产品的干制加工。在煮干加工过程中，原料经水煮后，部分可溶性物质溶解到煮汤中，会在一定程度上降低制品的营养和风味。另外，水煮易使水产品皮层和肌肉组织崩溃，在干燥过程中易引起断头、破腹或破碎，会导致干制品成品率降低，并且干燥后制品组织坚韧、复水性较差。因此，应按不同品种，掌控好水煮的温度和时间，既要煮透，又不可过熟。

煮干水产品的加工工艺，以鳀鱼干生产工艺为例，主要包括鳀鱼挑选、清洗、蒸煮、干燥、包装、贮藏等工序。淡菜干加工工艺主要包括贻贝原料挑选、清洗、蒸煮、去足丝、壳肉分离、清洗贻贝肉、控水、浸渍、捞出控水、干燥、分级、包装、贮藏等工序。

煮干加工在中国南方渔业区的水产品干制加工中占有重要地位。煮干加工主要适用于个体小、肉厚水分多，扩散蒸发慢、易腐败变质的小型鱼、虾、贝类等。煮干制品的生产，主要有虾皮、虾米、鳀鱼干、牡蛎干、淡菜干、蛏干、鲍鱼干、干贝、鱼翅、海参等。

煮干品具有干燥速度快、成品质量好且稳定、耐贮藏、食用方便、能耗较低等特点。

## 生干品

生干品是将生鲜水产品经剖切、去内脏、洗净等处理后，直接干燥而成的制品，又称淡干制品。

生干制品由于原料的组成、结构和性质变化小，原料组织中水溶性物质流失少，故复水性好且能保持原有品种的良好风味和色泽。但因生干制品未经盐渍和预煮等处理，干燥前原料的水分较多，在晒干

鱿鱼干

干海带

和风干过程中易受到气候影响而变质，特别是由于鱼体微生物和组织酶类仍有活性，在干燥和贮藏过程中可能引起色泽与风味的变化。

水产品生干加工主要适用于体形小、肉质薄而易于干燥的鱼、贝、虾、紫菜和海带等的生产，制成墨鱼干、鱿鱼干、虾干、银鱼干、干紫菜和干海带等品种。

以鱿鱼干、墨鱼干为例，鱼类淡干品生产工艺主要包括原料挑选、剖腹、除内脏、清洗、干燥、整形、罨蒸和发花、包装等工序，其关键工序为干燥、整形、罨蒸和发花。生干品可采用天然干燥法和热风（冷风）干燥法。干燥至五成和八成干时，分别进行整形打平。鱼体干燥至九成干时，收放在筐内密封放置 3～4 天进行罨蒸，使鱼体内部水分向外扩散，并使体内甜菜碱等水溶性含氮化合物析出，干燥后即成白粉附着在水产品表面；经罨蒸发花的制品需要进一步干燥至全干，即可包装入库；也有品种省去罨蒸发花工序，直接干燥包装。

## 半干食品

半干食品是将腌制、调味与干燥相结合加工出的水分含量在 20%～50%、水分活度在 0.70～0.90，常温下即能贮藏的一类食品。实际上是在加盐、加糖腌制和调味的基础上，通过轻度干燥使物料部分脱水，而可溶性固形物浓度高到足以束缚住残余水分的一类食品。是干制品中一类高含水量制品。又称半干半潮制品。

◆ 简史

中国第一部农业类百科全书《齐民要术》（533～544）中详细记

载了调味干鱼的制作方法，而半干水产食品的起源可追溯到中国南宋时期。在1320年成书的《梦粱录》中记载了南宋都城半干腌鱼（"鲞"）的生产和销售盛况。20世纪90年代，传统的腌制、盐干水产品的加工比例不断下降，代之而起的是低盐、高含水的半干半潮制品。半干水产食品既有腌制品的独特风味，又能最大限度地保存新鲜水产品的主要特征。半干制品作为主要的水产加工制品，在中国和日本占有很大的市场比例。

◆ 加工工艺

半干食品的耐藏性、口感和风味与其水分活度关系密切，为有效提高半干食品中水分含量，保持制品具有良好的品质和风味，有效延长其常温保藏期，半干食品加工需要采用专门的理论和技术，如栅栏技术。即加工过程中合理调控若干强度不同的栅栏因子，通过栅栏因子的交互作用，形成特有的防止腐败变质的栅栏，从而限制微生物生长繁殖和食品氧化，较好地保存水产品原有的风味和口感。

多种水产品原料可用于半干食品的加工，常见的半干食品有半干咸鱼、海蜇丝、高水分半干牡蛎、半干海参、半干扇贝、即食半干虾仁、半干鱼片等。以半干咸鱼为例，其加工工艺流程为鱼原料选择、宰杀、去头、除鳞、除内脏、洗净、腌制、清洗、去除表面附着水分、干制、冷却、包装、冷藏等。

◆ 特点

半干制品加工方式既可延长水产品的保藏期限，又可改善普通水产干制品质地粗硬、复水性差、水产品口感和鲜美风味体现不足等缺陷，已成为水产品干制加工的发展方向。半干食品的特点是能在常温下贮藏，耐藏性好，口感和风味好，食用前不需复水，食用方便，且包装无特殊要求。

# 水产冷冻加工品

## 水产冷冻加工制品

水产冷冻加工制品是经过一定预处理加工后，于相应冻结装置中冻结并在冻结点温度下贮藏的水产品。水产冷冻加工制品可分为一般冻藏（-18℃以下）制品和超低温（-45℃以下）冻藏制品两类。

冻藏制品的贮藏期从十几天到几百天，供冻藏用的冷库一般被称为低温（冷）库。此类制品品种丰富，包括：①预制鲜（生）冷冻制品。经过简单形态处理后冷冻的初级加工品或调味后的冻藏品，主要包括冷冻的全鱼、鱼块和鱼片；去壳的虾、蟹、贝肉冻品。②调理冷冻制品。添加适量的调味料或辅料，经热加工预制或调理处理后的半成品水产食品，主要包括油炸（裹面）类制品（油爆鱼虾、油炸拌粉或裹面包屑鱼虾制品、油炸鱼圆、鱼饼、虾球等），蒸煮（火锅）类制品（水发鱼圆，蒸鱼糕，鱼虾肉饺子、包子等），烧烤（烟熏）类制品（烤鱼片、烤鱼卷、烤鱼糕等），熟干、风干、烘干、油炸的半脱水冷冻鱼干制品等。③腌渍水产品和发酵水产冷冻制品。腌渍水产品包括鱼类腌制品、鱼卵腌制品和海藻类腌制品。

超低温水产制品，如金枪鱼制品等要求处于极低的温度才能保持其品质稳定和较长的货架期，其冻藏的冷库被称为超低温（冷）库。超低温冷冻食品主要有超低温冷冻金枪鱼刺身等。

　　水产品冻结装置有隧道式冻结装置、管架式冻结装置、流态化冻结装置、低温盐水冻结装置、平板式冻结装置和冷源直接式冻结装置（液态氮、液态二氧化碳喷淋冻结）等。

　　水产冷冻加工制品的最大特点是价廉物美、食用方便、品种丰富、卫生安全，但在产销过程中必须具备冷链的流通条件。自 20 世纪 60 年代以来，水产冷冻加工品已在发达工业国家作为一种加工食品得到迅速发展，其产量和所占比重不断提高，并受消费者喜爱。

## 生鲜冷冻品

　　生鲜冷冻品是经清洗、修整、切割、分级、包装等初级加工，速冻后并在 -18℃ 下贮藏的未经烹调处理的生制水产品。生鲜冷冻品可食率接近 100%，并达可直接烹食或生食的卫生要求。

　　生鲜冷冻品包括冷冻的全鱼、鱼块和鱼片，去壳的虾、蟹、贝肉冻品。不包括：①拌粉鱼条、拌粉虾、加料鱼片和鱼球等的冷冻挂浆制品。②鱼丸、鱼糕和模拟蟹肉等的冷冻鱼糜制品。③醉

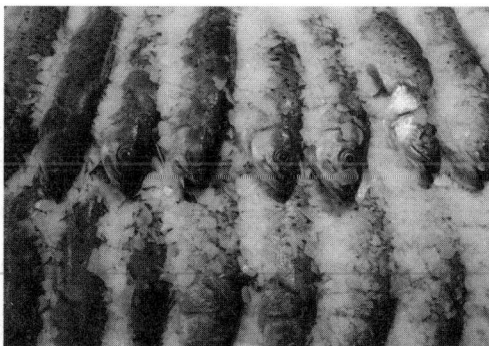

**冻全鱼**

泥螺、炝蟹和腌渍鱼干等的预制水产品（半成品）。④熟干、熏烤处理

的熟制水产品（可直接食用）等。

生鲜冷冻品贮藏过程中能够较大程度地保持生鲜水产品原有的营养成分、色泽和风味，解冻后营养成分流失少，食用方便卫生。此外，生鲜冷冻品加工工艺简单，易于生产（有速冻设备即可），可以达到调节季节性水产品供需平衡的目的。

## 冷冻调理食品

冷冻调理食品是以水产品为主要原料，采用清洗、去头、切片、切段、剁碎等处理，添加或不添加调味料和辅料，在一定温度下经热加工预制后，再以包装或散装形式再冷冻（-18℃以下）贮存、运输和销售的半成品水产品。

**鱼饼**

**烟熏腊鱼**

随着制冷技术的发展和配套设备的改进，中国冷冻食品从20世纪七八十年代逐步兴起，至90年代达小高潮。冷冻调理食品作为冷冻食品的一个重要分类，虽然发展起步晚，但发展势头迅猛，特别是在欧美、日本等发达国家、地区，冷冻调理食品的销售已经趋向于家庭化，种类达1000余种。中国冷冻调理食品行业前景良好，其产值已从

1997 年的 20 亿元，跃居至 2010 年的 510 亿元，增幅超 25 倍。

冷冻调理食品的种类主要包括：①油炸（裹面）类制品。如油爆鱼虾、炸鱿鱼串、油炸拌粉或裹面包屑鱼虾制品、油炸鱼圆、鱼饼、虾球等。②蒸煮（火锅）类制品。如水发鱼圆、蒸鱼糕，鱼虾肉饺子、包子等。③烧烤（烟熏）类制品。如烤鱼片、烤鳗、烤鱼卷、烤鱼糕、烟熏腊鱼等。④腌制品或风干（烘干）制品。如醉鱼干、脱脂黄鱼等。

冷冻调理食品冷冻时一般采用速冻工艺技术，避免细胞间形成大的冰晶，减少细胞内水分的析出，解冻时的汁液流失少，产品品质较优；但是在冻藏过程中发生的氧化酸败不可避免，常会出现哈喇味和褐变现象。因此，在冷冻调理食品的冻藏过程中应尽量降低贮藏温度，或尽量包装，避免产品与氧气的接触。冷冻调理食品包装形式主要有真空袋包装、微波炉用包装、便当式包装、铝箔包装等。

从发达国家的食品发展史中发现，家庭冰箱和微波炉的出现和普及，有助于推动冷冻调理食品的发展。开发不同种类的冷冻调理食品，一方面可以满足人们对食品便利性的需求，减少家务时间；另一方面，还可拥有丰富的花色品种，能够满足各个家庭成员之间不同口味的需求。

# 鱼糜制品

## 虾 片

虾片是以虾汁和淀粉为主要原料，经蒸煮、切片、干燥、油炸等传统工艺加工而制成的片状休闲食品。又称玉片。

◆ 加工

虾片的加工包括以下步骤：①用碎冰机或类似的设备破碎冻虾块，然后将碎虾体投入研磨机搅拌和研细。②将基本原料在搅拌器里混合，制成软膏体，然后放入搅和机里反复糅合，直到形成十分均匀的冷膏体为止。③通过灌肠机之类的装置，把冷膏体充填到直径约 3 厘米，长度约 50 厘米的尼龙袋类的装置之中，用事先经蒸汽处理过的布把充填好的尼龙袋包扎牢固。④用蒸汽加热到 100 ～ 130℃，约经 40 分钟完成蒸熟和糊化。⑤解除包扎布料并剥除尼龙袋，把尼龙袋中的熟面团移入 0℃ 左右的冷藏库中降温，冷藏 24 小时左右。⑤将圆柱状熟面团切成 2 ～ 3 毫米厚的薄片并用干热气流烘干。⑥以动物油脂或植物油在 150 ～ 180℃ 下烹炸。

◆ 工艺

虾片的加工工艺以马铃薯虾片的制作为例，有两种方法：①用马铃薯全粉代替 10% ～ 20% 淀粉，能够提高虾片的营养价值和膨胀度。通过将小虾等基本原料按一定比例混合，与调味料一同煮沸后再加入淀粉水溶液调浆煮至糊呈透明状。再加入虾仁或虾糜、马铃薯粉，先慢速搅拌、

未加工熟的虾片

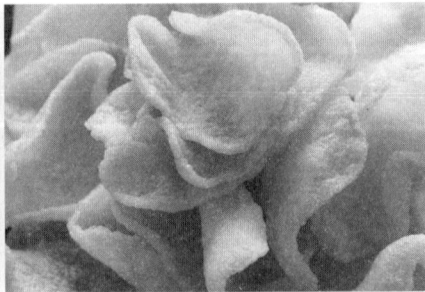

油炸熟虾片

接着快速搅拌，使其成为均匀的粉团，其操作需 8 ～ 10 分钟。随后进行蒸煮至虾条没有白点、呈半透明状、条身软而富有弹性后，取出自然冷却；待冷却完成后放置老化，能使条身硬而有弹性。随后进行切片、干燥，再经油炸得到即食产品或未经油炸直接包装成品供油炸后消费。②用鲜马铃薯经一系列加工过程制成相似于虾片的产品，即薯片虾片。薯片虾片用热油干炸时比海虾片容易，且没有海虾片易返潮不脆的缺点。

## 鱼香肠

鱼香肠是指将鱼肉绞碎或冷冻鱼糜半解冻后，在其中加入部分畜禽肉糜和其他辅助材料，如淀粉、植物蛋白等及抗氧化剂等添加剂，再以调味品香辛料调味，经擂溃，充填于肠衣中，再经加热杀菌等工序后获得的产品。

鱼香肠主要加工步骤有：①原料选择。要求鱼肉新鲜、脂肪含量少、肉质鲜美、弹性强，一般多选用冷冻白色鱼肉糜为原料。②前处理。要求原料鱼处理工艺同鱼糜制品，原料畜禽肉则应剔骨，切丁（一般规定切成 1.5 ～ 3.0 厘米见方）后按要求处理。③擂溃。擂溃的基本要求与一般鱼糜制品大同小异，差异在于最好使用真空型的擂溃设备，或在擂溃之后配置一真空搅拌器，以减少擂溃时鱼糜中空气的混入量，确保成品中的气孔量降至最少。④混合。依配方，混合主要是将腌渍鱼肉、畜禽肉块与擂溃后的鱼糜拌和均匀后直接灌肠，鱼肉一般占成品重量的50% 以上，畜禽肉块占成品重量的 20% 左右，植物蛋白应在 20% 以下。另外，对畜禽肉型鱼香肠，在擂溃后一般也加 7% ～ 10% 的猪脂小块

再灌肠，以改善鱼香肠的口感。也有报道在鱼香肠中加入 0.4% ～ 1.0%
的海带，其弹性更强，色味更好，且可减少蛋、食油等辅料的用量。
⑤充填。将上述鱼肉糜用充填机（灌肠机）压入肠衣内。⑥结扎。按一
定规格充填后的鱼肉香肠或鱼肉火腿应及时两头结扎。天然肠衣通常是
8 根连 1 串，仅需在头尾用棉线结
扎，而每两根之间可将肠衣扭几
圈，受热后便凝固起到结扎同样
的效果。⑦加热。发现肠内有气
泡时，应用针刺破肠衣将气体放
出，以防煮熟后有较大空隙，要

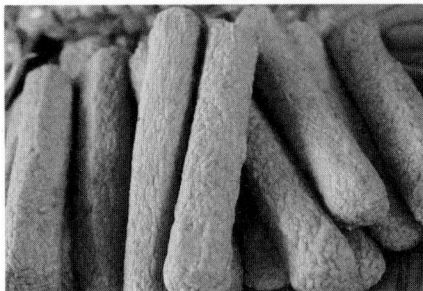

鱼香肠

严格按操作规程进行，避免香肠破裂。⑧冷却。经加热或杀菌后的香肠
或火腿需及时迅速冷却。

　　鱼香肠的加工技术成熟，已广泛应用于工业化火腿肠制品加工。

## 鱼 卷

　　鱼卷是指将擂溃及调味后的鱼糜用手卷在直径约为 1 厘米的竹子
上，然后放在火上炙烤而成的鱼糜制品。在日本又称竹轮。

　　鱼卷加工常以狭鳕鱼糜为主要原料，并适当加入一些鲨鱼鱼糜。新
鲜原料的预处理则同鱼丸等产品，冷冻鱼糜经解冻后使用。经擂溃后的
鱼糜用手工搓捏加工成长圆筒形，并由链条输送带送至烤鱼卷机上。焙
烤机分为两段，前段为干燥部分，目的在于增强成品之弹力；后段为强
火加热。鱼卷以滚动方式前进，最初用文火，使鱼卷表面形成一层没有

焙烤色的薄皮，然后用强火（150～170℃）烤至表面产生纽扣状的焦斑，最终成为外表为黄褐色的鱼卷。焙烤时，有时在鱼卷表面涂上葡萄糖液以利呈色。烤熟后的鱼卷经冷却后，包装、装箱，在-35～-30℃的冻结室内急速冻结后再冷藏、运输。

高质量的鱼卷入口柔润清脆，咀嚼时齿颊留香，既没见鱼肉，也不含腥味，有一种特有的清鲜滋味。鱼卷是中国福建闽南一带的一道名菜，也是泉州的十大名小吃之一。

有关鱼卷，中国福建崇武有一个传说。崇武古城是一座兵家必争的要塞，因小镇地处重要的水道，在明初建城之后，便有官兵在该地常年驻守。驻守海域，官兵需时常出海巡查，每次出海前便要准备充足的军粮。虽然该地有充沛的鱼类可供食用，但因缺乏有效的冷藏器具，每次捕捞的鱼都无法置放多日，巡航时间一长，食物补给经常跟不上。为解决储备军粮的需要，当时驻守海域的千户侯钱储，便让士兵们捕捞海峡中特产的马鲛鱼，将其去骨取肉，手工擂溃成鱼糜，配以番薯粉，再加上一些调剂口感的辅料食材，卷条蒸熟。经此处理的鱼肉随时可以食用，大大缓解了军粮短缺的窘境。如此一来，便创造出了富有地域特色的军

生鲜鱼卷

蜜汁鳕鱼卷

用干粮，其条状的鱼制品就成了当地人俗称的"鱼卷"。

# 鱼 丸

鱼丸是指以鱼糜为主要原料并添加少许辅料做成的丸状冷冻产品。又称水丸，古时称氽鱼丸。

鱼丸的来历与秦始皇有关。根据稗史的记载，秦始皇好吃鱼，称帝后每餐必要有鱼，但又不能有刺，多位厨师因鱼有刺而被赐死；而烧鱼肉汤，又怕有诅咒秦始皇之嫌。故有厨师做御膳，见到鱼又胆怯又发恨，用菜刀背砸鱼发泄时发现，鱼刺鱼骨竟自动露了出来，鱼肉成了鱼茸。此时宫中传膳了，厨师急中生智，拣出鱼刺，顺手将鱼茸捏成丸子投入已烧沸的豹胎汤中，一会儿便制成色泽洁白、柔软晶莹、尝之鲜嫩的鱼丸。始皇尝后称赞并给予奖赏。后来，这种做法从宫廷渐渐传到民间，故称为"氽鱼丸"。

鱼丸加工工艺如下：①选用新鲜、凝胶形成能较高、含脂量不太高的白色鱼肉比例较大的鱼种为原料。②用 15℃ 以下清水冲洗鱼体，以保证鱼肉鲜度，将鱼体置于采肉机上采肉，漂洗后的鱼肉进入精滤机，精滤后的鱼肉装进尼龙袋脱水得到碎鱼肉。③擂溃是鱼糜制品生产的一个重要工序，碎鱼肉或冷冻鱼糜经擂溃后在成丸机上成丸，用 40℃ 温水浸泡 15 分钟，将温水浸泡定型的鱼丸投放沸水中煮熟，鱼丸上浮时捞出。④加热后的制品投入冰水中冷却，然后在无菌室用真空包装机封口。⑤制品需在 -18℃ 低温下冷却或冻结保存。

鱼丸是中国具代表性的传统鱼糜加工制品，并且是福州、闽南、广州、

台湾、江西抚州一带经常烹制的
特色传统名点。常见制品有水发
鱼丸（水煮）和油炸鱼丸。其中，
水发鱼丸成品色泽较白，有很好
的弹性，具有鱼肉原有的鲜味。

鱼丸的品种根据所用原料鱼
种、有无包馅、有无淀粉、丸料

鱼丸

大小、水煮还是油炸乃至产地分为许多品种，其中福州鱼丸、鳗鱼丸、花
枝丸等较出名。自20世纪90年代以来，鱼丸主要以机器自动化生产为主。

鱼丸其色如瓷、富有弹性、脆而不腻、味道鲜美、多吃不腻，可作
点心配料，又可作汤，为宴席常见菜品，在中国分布最广。

# 鱼粉加工制品

## 鱼 粉

鱼粉是指由经济价值较低的低值鱼类或者鱼产品加工副产品，经蒸
煮、压榨、干燥、粉碎加工而成的高蛋白质饲料原料。

鱼粉与水产动物所需的氨基酸比例最接近，添加鱼粉可以保证水产
动物较快生长。如果把制造鱼粉时产生的蒸煮汁浓缩加工，做成鱼汁，
添加到普通鱼粉里，经过干燥粉碎，所得鱼粉为全鱼粉。以鱼下脚料为
原料制得的鱼粉叫粗鱼粉。鱼粉是养殖鱼类的主要蛋白质来源，是水产
动物如鱼、蟹、虾等饲料蛋白质的主要原料。

常规鱼粉生产方法有直接干燥法、干压榨法、离心法、萃取法、湿压榨法、新湿压榨法。

## 浓缩鱼蛋白

浓缩鱼蛋白是指以各种鱼类为原料制成的含有大量黏多糖和胶原蛋白的浓缩制品。又称食用鱼粉。浓缩鱼蛋白被广泛用作营养、保健食品的添加剂。

浓缩鱼蛋白经采肉、粉碎、水洗、压榨脱水，再用含酸的有机溶剂进行脱脂、脱臭及脱气处理，最后脱去有机溶剂、干燥后制得。无臭、白色。1961 年，联合国粮食及农业组织（FAO）将浓缩鱼蛋白分为 A 型、B 型、C 型 3 种类型。A 型用溶剂脱

浓缩鱼蛋白

脂制成，基本上是无味、无腥、无色粉末，按 10% 比例掺加到其他食品中时，食品的原味不变。B 型加到其他食品中时，食品稍带腥味。C 型有明显的鱼腥味。

# 鱼油加工制品

## 鱼 油

鱼油是鱼体内全部脂类物质的总称。鱼油主要由混合甘油三酯组成，

还含有磷脂、甾醇、烃类、蜡、甘油醚、维生素和色素等成分，是食品、医药和化学工业的重要原料。鱼油的制取大部分以水产动物的储存脂肪，即皮下脂肪层（在海兽中称为皮下脂）、沿腹壁的脂肪层、肌肉中的组织脂肪和肝脏中的脂肪为原料来源。

鱼油按用途分有饲料用鱼油、药品级鱼油、鱼油保健品、食品级鱼油。粗加工鱼油主要用于水产以及禽畜饲料，精炼后的高品质鱼油主要用于药品、保健品或功能性食品。按来源主要包括鱼体油、鱼肝油和海兽油。

鱼体油主要取自鳀鱼、鲱鱼、沙丁鱼、鲭鱼、毛鳞鱼等多脂鱼类，是制造鱼粉时的联产品。通常采用湿榨工艺，原料经过蒸煮、压榨之后，从压榨液中分离出粗油再经分离澄清成鱼油。

海兽油从水生哺乳动物如鲸、海豚等皮下脂肪提取的油脂。主要方法有加热熔出、压榨、电溶以及酸、碱等法，包括间接蒸汽加热法、直接蒸汽加热法、真空熔出法、酸碱熔出法、电流熔出法、冷压榨提取法、脉冲法等。

鱼油可以加工成多种制品，包括氢化鱼油、鱼油微胶囊、多不饱和脂肪酸、交酯化产品、高级醇、硫酸化油、聚合油等。鱼油属于含有丰富不饱和脂肪酸的液体油，经过加氢后得到饱和状态的固体脂，称为油脂的氢化，所得固体脂即为氢化鱼油（或硬化油）。鱼油微胶囊是用壁材通过特定的工艺将鱼油包埋后制成粉末状鱼油产品。鱼油通过碱催化、酸催化、酶催化法等水解得到混合脂肪酸，可以进一步采取低温结晶法、脂肪酸盐结晶法、尿素络合法、减压蒸馏与分子蒸馏法、超临界气体萃取法等分离制备多不饱和脂肪酸，如二十碳五烯酸（EPA）和二十二碳六烯酸（DHA）等。油脂的交酯化包括酸与酯作用的酸解、醇与酯作用的醇解以及酯与酯的置换酯化。高级醇是合成洗涤剂、表面活性剂以及可塑剂等的重要原材料，可以通过鱼油或脂肪酸还原而成。鱼油因为含有大量的多不饱和脂肪酸，在制备高度不饱和醇方面有明显的优越性，制备方法主要有高压氢化法和金属钠还原法。鱼油与浓硫酸作用的产物即硫酸化油，最初应用于土耳其红染料，后来也应用于其他染料及皮革上光。

为满足某些高级用油和进一步加工的需要，鱼油还需要进一步精炼，包括脱胶、脱酸、脱色、脱臭和冬化。

## 鱼油微胶囊

鱼油微胶囊是指以鱼油为基料，用壁材通过特定的工艺将鱼油包埋后制成粉末状的鱼油产品。

鱼油微胶囊既保持了鱼油的固有特性，又弥补了液态鱼油的不足之处，还增加了一些新的特性。鱼油微胶囊的出现，推动了鱼油制品工业生产朝着方便化、营养化和功能化方向发展，为人们提供了取用方便、性质稳定且营养价值高的优质产品。

常用的壁材有碳水化合物和蛋白质两大类型。鱼油微胶囊的制备通常采用喷雾干燥法、复凝聚法、锐孔－凝固浴法、包结络合法等。鱼油微胶囊具有使用方便，便于称量、包装和存放；便于与其他物料均匀混合；稳定性好，抗氧化能力强；添加方便，经长时间保存，状态不变；水溶性好，易乳化分散于水中，保持稳定的乳化状态；消化吸收率高；油溶性物质可同时包埋在鱼油微胶囊中等特点。

研究表明，鱼油具有预防心血管疾病、降血压、降血脂和胆固醇、抑制血小板凝结、预防老年痴呆、保护视力、增强记忆力、健脑益智、提高免疫力、抑制癌症的作用及抗炎作用。鱼油制品二十碳五烯酸（EPA）和二十二碳六烯酸（DHA）通常有 3 种存在形式，即甘油酸型、游离脂肪酸型和酯型。

## 氢化鱼油

氢化鱼油是指经加氢过程使不饱和脂肪酸变为饱和脂肪酸的鱼油。

鱼油中含丰富的 $C_{20}$ 与 $C_{22}$ 等单不饱和与多不饱和脂肪酸，加氢后生成花生酸与山嵛酸，可增加油脂的稳定性，改善油脂的色泽。经加氢后可用于生产人造奶油及起酥油类食用产品，提高乳化能力和酥脆性，改善其氧化稳定性和延缓酸败，并容易保存和贮藏，即可延长食品的保质期。

氢化鱼油通常应用在煎炸食品、冷饮食品、仿乳类食品、预制类食品中。此外，以作为食品添加剂的原料、风味料和着色剂的载体

**氢化鱼油**

及作为花生白脱、可可酱、芝麻酱的稳定剂使用。

氢化鱼油在加工过程中会产生一些反式脂肪酸，也会残留一些金属催化剂，这些物质对人体健康有影响。有研究表明，氢化油对人类健康的危害主要取决于氢化油中所含有的反式脂肪酸。反式脂肪酸对人体健

康的危害主要表现在影响婴幼儿的生长发育，影响心血管系统，引发糖尿病及增加患某些癌症（结肠癌、前列腺癌、乳腺癌等）的危险性，可造成大脑功能衰退、降低记忆力，肥胖、肝功能失调及男女不育等方面。

# 水产熏制品

## 熏制水产品

熏制水产品是指以鱼、虾、贝、头足等水产品为原料，经腌渍、烟熏等工艺加工而成的水产制品。

在烟熏过程中，由于加热及醛类、酸类和酚类的作用，使食品表面的蛋白质发生变性，形成一层蛋白变性膜，此膜具有防腐作用，能防止再污染微生物进入制品内部。在烟熏的高温、高湿条件下，肉料自身的消化酶被活化，使肉质软化。熏烟中存在酚类等物质，烟熏后的食品具有独特的风味。熏烟中的羰基化合物与肉料中的游离氨基酸化合，形成褐色的糖醛化合物，使熏制品的外观呈现出很深的红褐色。

常用的熏制水产品原料有鲱、鳕、鲽、鲑、鳟、鲟、鲤、罗非鱼等多种鱼类及乌贼、鱿鱼、章鱼、扇贝等软体动物类。脂肪含量过高或过低的原料都不适于生产烟熏制品。特别是脂肪含量过高，不仅会引起干燥困难，贮藏性差，而且易使熏烟成分与油一起流失，发生油脂氧化，肉面发黄油耗。脂肪太少，味道差，熏烟的香气味难以吸附，鱼体过硬，外观差，成品率低，此种原料不宜用作冷熏加工。适宜的原料脂肪含量为：冷熏 7% ～ 10%，温熏 10% ～ 15%。

熏制水产品除直接食用产品或短期保藏食用类外，还有诸多加工成罐头产品形式，如油浸烟熏秋刀鱼、油浸烟熏长鳍金枪鱼、油浸液熏鳕鱼、油浸液熏章鱼、油浸液熏沙丁鱼、油浸液熏牡蛎等。

烟熏三文鱼以其细腻的肉质、香味浓郁而受青睐。市面上常见的熏制水产品还有烟熏鲱鱼、烟熏鲐鱼、烟熏鳕鱼、烟熏鲑鱼、烟熏鱿鱼等。

烟熏三文鱼　　　　　　　　　　烟熏鲑鱼

影响烟熏制水产品质量好坏的因素有很多，原料方面主要有鲜度、大小、厚度、成分、脂肪含量、有无皮等影响因素；前处理的过程方面主要有盐渍温度、时间、盐渍液的组成、脱盐的温度和时间等影响因素；烟熏条件方面主要有烟熏温度、时间、烟熏量和加热程度，熏材的种类、含水量、燃烧温度，熏室的大小、形状、排气量等；后处理方面，主要有加热、冷却、卫生状况等影响因素。

熏制水产品提高了水产品的附加值，延长了产品的货架期，增强了水产品的风味和颜色。

## 熏制鱼

熏制鱼是指以淡、海水鱼为原料，经腌渍、调味、烟熏等工艺加工而成的烟熏制水产品。熏制鱼类原料主要有鲤鱼、草鱼、青鱼、鳙鱼、鳊鱼、鲢鱼等淡水鱼，鲑鳟类、鳕鱼、鲱鱼等海水鱼。

以温熏鲐鱼片为例，其生产工艺为：①原料处理。将冰鲜或冷冻鱼原料去头、去内脏、去鳞、剖片、去中骨后，洗涤干净。②调味浸渍。用鱼片重 50% 的调味液进行调味浸渍，浸渍时间为 2 小时左右，浸渍温度 5 ～ 10℃。调味液参考配方：水 100 克、食盐 0.5 克、砂糖 1.5 克、味精 0.5 克、酱油 8 克、黄酒 3 克、香辛料少量、山梨酸 0.1 克等。③干燥。将原料沥干调味液后，整齐平摊于烘车的网片上，用 40℃ 左右的热风吹至表面干燥为止，约需 1 小时。④烟熏。烟熏开始时温度为 30 ～ 40℃，随着烟熏的进行温度逐步上升，第 2

**烟熏虹鳟鱼**

个小时温度上升至 60℃，最后的 1 ～ 2 小时温度逐步上升至 70 ～ 90℃。开始时如温度过高，会引起鱼体破损，品质下降。烟熏时间一般为 3 ～ 4 小时，制品的水分含量一般在 55% ～ 65%。⑤包装。熏制完成后冷却至室温，整形包装，用塑料复合袋真空包装，要长时间保藏必须冷冻或杀菌后罐藏，常温保藏只能存放 4 ～ 5 天。

熏鱼在中国湖南、湖北、贵州、江苏、浙江、上海等地较为普遍，作为节日期间待客食品。荷兰、比利时、澳大利亚、日本等国也是熏鱼生产和消费国，但以三文鱼、虹鳟、鲱鱼等海水鱼熏鱼为主。

## 熏制头足类

鱿鱼、乌贼等头足类水产品经去皮、煮熟、调味后熏制成的水产加工食品称为熏制头足类。

以熏鱿鱼为例，其主要熏制工艺为：①前处理。将蒸煮后的鱿鱼胴体放入冰水中冷却，后放入清洗槽内逐个清洗，完全去除表皮和杂物，然后放入沥水框内沥水。②调味渗透。将鱿鱼胴体倒入调味容器内，加入适量的食糖、食盐、味精等调味料搅拌、渗透调味。③烟熏、干燥。将调味好的鱿鱼胴体依次挂在

**烟熏鱿鱼圈**

烟熏架上，送入烟熏房烟熏，烟熏时温度控制在 50℃ 左右，并注意观察烟熏房的温度和烟熏效果。烟熏时间控制在 1 ~ 2 小时，烟熏程度可根据消费者习惯做适当调整。烟熏后的鱿鱼需在 40℃ 左右环境中干燥至水分含量符合后续加工要求，干燥可以在烟熏室中进行。④切圈。从烟熏架上取下烟熏好的鱿鱼胴体，切成完整、厚薄均一的圆圈。

鱿鱼、乌贼等头足类软体动物的可食部分接近 80%，比一般鱼类高出 20% 左右，并且无骨刺，食用安全，符合现代消费者的消费要求。因此，以头足类为原料，生产烟熏鱿鱼圈、鱿鱼卷、鱿鱼片、鱿鱼丝，烟熏乌贼等休闲食品，可以显著提高原料附加值。

## 熏制贝类

经调味腌渍、干燥、烟熏等工艺加工而成的烟熏贝类制品称为熏制贝类。

熏制贝类常以牡蛎、扇贝、贻贝等贝类为原料。烟熏贝类产品一般做成即食软罐头休闲食品，产品具有熏制产品特有的色泽和烟熏味，滋味鲜美独特，食用方便，并保留了贝类特有的风味，提高了贝类产品的附加值和营养价值。另一种常见产品形式是经调味、油浸、高温杀菌后做成马口铁罐包装，味道鲜美、营养保健、产品贮藏期长，便于携带。常见的熏制贝类产品有油浸烟熏牡蛎罐头、烟熏贝柱。

以熏制牡蛎为例，采用液熏技术进行熏制，其主要熏制工艺为：选取新鲜牡蛎，洗净，按牡蛎与腌渍液的质量比为1∶（1～2），将牡蛎置于腌渍液中进行调味腌渍40～60分钟。腌渍液的组成为：食用盐、水、味精和料酒，其中食用盐的用量为水质量的20%～30%，味精的用量为水质量的0.2%～0.5%，料酒的用量为水质量的2%～6%。将调味腌渍后的牡蛎放入烟熏炉干燥20～40分钟，然后采用烟熏液进行喷雾烟熏。熏制时温度及时间控制为：在70～80℃熏制40～80分钟；然后经冷却至牡蛎中心温度降至4℃，将牡蛎装入复合薄膜蒸煮袋，抽真空包装即可。

熏制贝类是熏制水产品中所占比例较高的一种水产熏制品。

# 水产腌渍食品

水产动植物原料经食盐或食盐与酒糟、白酒、黄酒等其他辅助材料
腌制加工而成的水产制品称为水产腌渍食品。

## ◆ 简史

中国腌制加工水产品生产历史悠久，在南北朝时期就已经有水产腌
制食物的说法。南北朝时期南方人喜爱吃鱼，在鱼类加工方面也很擅长，
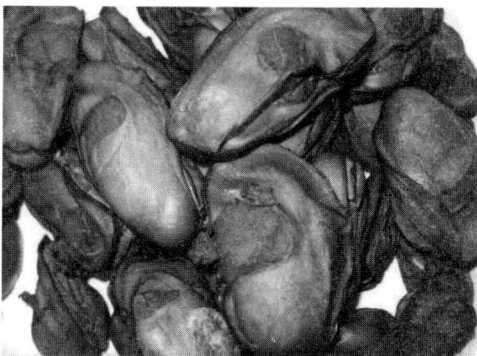
将鱼做成鱼羹；此外，还将鱼腌起来制成鱼鲊。《三国志·吴书·孙晧传》注引《吴录》载：孟仁为监池司马，自己织网，亲手捕鱼，将鱼制成鲊送给其母。其母将鲊退还，并说："汝为鱼官，

**烟熏牡蛎**

而以鲊寄我，非避嫌也。"可知当时已有腌鱼的做法。到宋代，水产食
品更为流行。《东京梦华录》中所载汴京食店中，以羊肉为原料的菜系
约占全书所记菜肴的30%；而《梦粱录》中所载鱼虾海鲜等水产菜肴则
占了50%，已具有南方食品特点。如南宋秀州有人把泥鳅做成腌制品——
泥鳅干，当地人认为泥鳅性暖，有益于孕妇和病人，所以泥鳅干的销路
相当好。

## ◆ 原料

水产动植物都可以作为水产腌渍食品的原料。水产动物原料主要以

鱼类为主，其次是虾蟹类、头足类、贝类。水产植物原料则以藻类为主。

◆ **加工原理**

水产品腌渍过程最重要的环节是盐渍。通过盐渍作用，抑制微生物生长发育和酶的活性，降低水产品脂肪的氧化速度，达到抑制水产品腐败变质从而实现长期保存水产品的目的。鱼贝类在盐渍过程中，食盐向鱼贝体内部渗透，与鱼贝体内自身存在的多种盐类物质构成混合盐体系，大大降低了鱼贝体内环境的溶氧含量。鱼贝类许多生化反应的进行都需要氧，尤其是鱼贝类的高度不饱和脂肪酸的氧化更是离不开氧。因此，盐渍后的鱼贝类，由于体内微环境在食盐等混合盐类作用下导致溶氧降低，从而抑制了鱼贝类脂肪的氧化，延长了腌制品的货架期。

◆ **保藏方法**

水产腌渍食品在加工和贮藏期间，如果条件控制不合适，会发生腐败、自溶作用，引起肉质软化、脂肪分解和霉变，从而失去食用价值和商品价值。因此，水产腌渍食品的生产与贮藏管理十分重要，主要包括贮藏条件、脂肪变质和色泽变化控制等。

食盐的浓度是影响水产腌渍食品贮藏性的重要因素。对于水产盐腌品，盐分含量为 15% 左右的制品具有一定的贮藏性，但在流通过程中需要低温保管；盐分含量在 20% 以上的制品，尽管可在常温下流通，但以 7～10 天为上时限，仍然会发生因自溶和发酵引起的肉质软化；重盐制品在冬季可贮藏 2～3 个月，但最好也采用低温流通和保管，否则也可能发生霉变。

鱼类腌渍品因其脂肪酸中含有较多的高度不饱和脂肪酸，一方面本身容易发生自动氧化，另一方面食盐也有促进脂肪氧化的作用。因此，在盐渍过程及贮藏流通中脂肪极易氧化。脂肪氧化后，生成低级脂肪酸和其他一些带有刺激味和涩味的物质，出现"油烧"现象。一般情况下，撒盐腌制比盐水腌制更容易发生脂肪自动氧化。为防止脂肪氧化，通常在盐渍过程中添加一些脂溶性抗氧化剂，如二丁基羟基甲苯、丁基羟基茴香醚等。

一般情况下，霉菌对干燥的抵抗力较强，在水分活度稍低于腐败菌的最低发育界限时，霉菌很容易生长。对于撒盐腌制的制品，其表面常有霉菌生长，使其表面常出现红、黄、白、黑等霉变斑点，从而失去商品价值。低温贮藏是控制霉菌色变斑点最有效的方法。在夏季高温潮湿季节，盐腌制品有时会发生红变现象，主要是嗜盐菌增殖繁殖所致，只要控制腌制盐的质量，一般都可避免此类情况发生。

◆ **分类**

水产腌制食品由于腌制加工工艺的不同，产品各异，包括盐渍水产品、糟制水产品和醉制水产品等。

◆ **价值**

水产腌制食品具有营养丰富、风味独特、保存时间长，工艺简单、方便，便于短时间内处理大量渔获物等特点，在集中收获期间可以及时贮存原材料，是防止腐败、延长货架期的有效解决办法。新鲜海水鱼中挥发性风味成分主要是醇和羰基化合物，而腌制后的挥发性风味成分大部分是酮、醇、醛、硫和氮化合物等，不同的腌制产品还会有特征风味成分如，己醛、庚醛、辛醛、壬醛、戊烯 -3- 醇、1- 戊醇、己醇和 1-

辛烯 -3- 醇，形成了风味迥异的鱼类腌制品。

## 醉制水产品

  醉制水产品是指采用酒糟或酒将鲜活水产品或盐干水产品调味渍藏而成的产品。利用酒糟或酒呈味成分的作用、酒精的杀菌作用和密封抑制好气菌的作用来提高水产品的风味和耐藏性。又称醉制品、糟醉品。常见醉制水产品有醉螺、醉虾、醉蟹、糟鱼等。其中，醉泥螺、醉虾、醉蟹加工方法如下。

◆ **醉泥螺**

  醉泥螺以泥螺为原料经醉制加工而成的制品，又称吐铁。醉泥螺起源于 20 世纪 80 年代初，主产于中国江浙一带。每年 7～9 月为醉泥螺生产季节。醉泥螺加工原料以仲夏前后肥满脆嫩的泥螺为佳，加工大致分盐浸、盐渍、醉制 3 个阶段。盐浸时，将干净的泥螺中加入 20%～23% 的盐水处理 3～4 小时后，捞出清洗并沥干。盐渍时，将盐浸后的泥螺加入 20%～22% 的盐水搅拌均匀。次日，盖上竹帘并压上石头使泥螺浸没于盐水中，盐渍约半个月。醉制前先制卤，将盐水中加入适量八角茴香、桂皮、姜片等煮沸 10 分钟，冷却过滤即得卤水。醉制时，将盐渍后的泥螺分装于坛中，加入卤水至淹没泥螺，再加入泥螺重量 5% 的黄酒，密封成熟约 10 天，分装，即得成品。

◆ **醉虾**

  醉虾是以活虾为原料醉制加工而成的制品，是一种以生食为主的特色菜式，以其肉质鲜美、风味独特，深受消费者喜爱。生食醉虾对活虾体长有较严格的要求，一般以 3 ～ 5 厘米长的虾为宜；商品醉虾则对虾的长度大小要求不是很严格。鲜活虾用清水洗净后剪去虾枪、须、脚，然后放于盘内，淋上黄酒，再加调味料，在虾上面均匀摆上葱白段，扣上碗即制得生食醉虾。商品醉虾则需要气调（二氧化碳＋氮气）包装和冷藏贮运。

醉虾

醉蟹

◆ **醉蟹**

醉蟹是以螃蟹为原料醉制加工而成制品。醉蟹是中国传统名贵制品，主产江浙一带。醉蟹一般选用个体健壮、肉质丰满、背壳坚硬的活蟹为原料，经暂养并充分吐水后，在蟹脐内敷入香料和食盐并用棉线扎紧，放入醉制缸中，灌入料液至全部浸没；再用棉纸封口，干阴凉处放置；一段时间后上下翻动，以均匀醉制，每次翻动后均须封口。30 天后醉制成熟，便可分装制得成品。醉蟹的醉制用酒多为黄酒，一般用酒量为原料重的 1/3，醉制时酒与食盐、花椒、八角茴香等一并制成料液使用。

醉制水产品独特的风味和鲜明的地方特色受食客们的青睐。醉制法加工水产品是古老而又新鲜、独特的加工方法，其技术简单易学。因此，醉制水产品很有推广价值。

# 糟制水产品

鱼、贝类等水产品原料经盐腌后置入酒糟中加工而成的产品称为糟制水产品，又称糟制品。

中国很早以前就有糟制水产品的方法，流行地区较广，尤以浙江最多。明代初期，中国民间就有小黄鱼糟制加工。20 世纪 60 年代后期，中国浙江、福建、广东等地有一定的加工量。随着海洋资源的衰退和冷库的普及，产量越来越少。糟制水产品加工季节一般为春季，产品含有丰富的蛋白质和不饱和脂肪酸，风味独特，一般蒸熟或直接食用。

糟制品原料鱼大多为青鱼、草鱼、鲤、鳙、鲳鱼、海鳗、小黄鱼等，原料以新鲜和肥满鱼类为宜；盐渍鱼也可以作为原料，但必须适当脱盐。酒糟则要求品质优良，水分含量少且香味浓厚，乙醇含量 4% ~ 6%，且无酸味。糟制品坚实而不酥软，由于乙醇的渗透，肉色呈殷红，无酸味且有特殊糟香气味，制品表面不发黏，酒糟亦无酸味和腐败气味。

以青鱼糟制加工而成糟青鱼为例。新鲜且肉质厚实的青鱼去鳞、去头尾和内脏后沿脊柱开成带骨和不带骨的鱼片，去血污和黑膜后立即用原料重量的 20% ~ 23% 的细盐盐渍。7 ~ 10 天卤水浸没鱼片时第 1 次盐渍完成。肉软的再次抹盐，肉硬的只需撒盐，进

糟青鱼

行第 2 次盐渍。2 次盐渍均要求卤水淹没鱼片，否则会影响质量。两次盐渍结束后，日晒风干至表面泛油光、肉质呈红色时切块装缸糟制。糟制时，先制糟制液，一般有酒酿、烧酒、砂糖、食盐等。切好后的咸干青鱼块整齐摆放于糟制容器中，每放 1 层，加入适量的糟制液后封口（坛口直接接触的 1 张牛皮纸要涂上猪血）。2～3 个月糟制成熟后即可开坛食用。

糟制小黄鱼的加工原材料包括新鲜小黄鱼、酒糟、高粱酒、黄酒等。加工方法为：小黄鱼预处理、腌制、日晒、装坛、糟渍、封装。产品以肉质结实、咸淡适宜、无鳞片、滋味鲜美为上品。

糟制水产品食用加工历史久，是南方菜中的精品，南方称为"糟货"。保质方法和加工技术使水产品获得较长贮藏时间。对生产者来说可避免生产量大、上市过于集中和销售不及时带来的损失，可均衡上市，合理调整供需关系。

## 盐渍水产品

采用食盐或食盐溶液对水产原料进行涂抹、浸泡处理加工制成的水产品称为盐渍水产品。常见的盐渍水产品有盐渍海胆黄、盐渍鲱鱼子、盐渍海带、盐渍裙带菜等。

### ◆ 盐渍海胆黄

海胆生殖腺的盐渍品。20 世纪 70 年代，中国开始生产，

**盐渍海胆黄**

主产于辽宁和山东，年产量约有几十吨，全部出口日本。海胆采捕加工

期一般为 5 ～ 8 月和 11 月至次年 3 月。可供加工利用的品种是大连紫海胆、紫海胆和马粪海胆。加工时，在保持生殖腺完整的前提下破壳取出海胆，经盐水漂洗，控水，称重，再加盐腌制得到成品。盐渍海胆黄的加工对原料的鲜度要求极高，必须是海胆捕获后活体加工，不能日晒和雨淋。成品的色泽应具有鲜活海胆生殖腺固有的淡黄、金黄或黄褐色，允许因加工造成的色泽加深。其组织形态呈较明显的块粒状，软硬适度。制品应具有其本身的鲜味且无异味。一般情况下盐渍海胆黄在 -18℃ 的贮存条件下，可保存 6 个月。

◆ **盐渍鲱鱼子**

太平洋鲱鱼子的盐渍品，又称盐渍青鱼子。20 世纪 70 年代初，黄海太平洋鲱鱼产量达 10 余万吨；80 年代以后太平洋鲱鱼资源下降，为保护资源，不再生产。太平洋鲱鱼子加工时，一般取卵囊膜完好的鱼卵，要求新鲜且成熟度好。先用密度 1.04 克 / 厘米$^3$ 的盐水漂洗，再用鱼子重 25% 的食盐盐渍 4 天即可。包装时，每层鱼子间要加 4% 的隔层盐，储存于 -6 ～ 0℃ 的冷库中。盐渍鲱鱼子成品颜色和形状与鲜鱼相似，外观呈现透明黄色，具有坚韧的齿感和沙粒样舌口感。

**盐渍鲱鱼子**

◆ **盐渍海带**

鲜海带经烫煮和盐渍而成的制品称为盐渍海带。盐渍海带呈翠绿色、薄带状。20 世纪 80 年代，由中国大连开始生产盐渍海带，主要产于山东和辽宁等省。在 3～5 月，选择光泽好、叶片厚实且无孢子囊群的薄嫩期海带为原料，经清洗、烫煮、冷却、控水、拌盐、盐渍、脱水、理菜、包装等工序制成。产品含水量 60% 以下、含盐量 25% 以下。塑料袋密封装箱后，储存在低温、避光处，不宜受热、受压。

◆ **盐渍裙带菜**

盐渍裙带菜是鲜裙带菜的盐渍品。盐渍裙带菜 20 世纪 80 年代上市的一种制品。中国养殖的裙带菜大部分都加工成盐渍品，90% 以上出口日本。裙带菜经清洗、烫煮、冷却、一次脱水、拌盐、盐渍、漂洗、整理、二次脱水和分级制成。

**盐渍海带**

**盐渍裙带菜**

盐渍品是中国传统加工保藏食品之一，风味独特，深受大众青睐。随着产品种类和加工技术的日趋多样化，盐渍过程常被作为其他加工，尤其是风味加工的前处理手段，以提高制品适口性，或使原料在较短时间内达到性状稳定。

## 醉　制

用酒和调味料浸渍鲜活水产品的加工方法称为醉制。

　　醉制是一种古老的水产品加工方法，如中庄醉蟹的加工制作可以追溯到明洪武二十七年（1394）前后，伍佑醉螺的制作可追溯到300多年前的明清时期。加工初期是以保藏食品为主要目的，但醉制后的水产品风味独特，已演变成为一种重要的水产品加工手段。

　　醉制最大特点在于食盐用量相对较少，而酒精度较高的酒类成为最主要的腌制辅料。醉制品流行地区很广，中国沿海及内陆部分省份均有生产，但以江苏、浙江、上海等地区最为典型。醉制加工处理手段简便，传统醉制以家庭作坊为主，产品风味各异，但由于缺乏必要的保藏处理，一般保质期较短。自2000年后，中国逐渐形成了规模化、标准化的醉制水产品加工企业，并形成了宁波醉泥螺、上海醉蟹等一批较高知名度的地方特色醉制水产品。

　　醉制用酒主要是黄酒和白酒，但以黄酒为主，白酒用量较少。醉制的原料通常为鲜活的虾、蟹及螺类。醉制品以醉虾、醉蟹和醉泥螺最具代表性。

　　醉制工艺主要包括原料处理、醉制加工两部分。醉制的原料种类繁多，但都要求以鲜活为标准；除最为常见的虾、蟹、螺、贝外，鱼类也可进行醉制。醉制的原料必须经过充分清洗，以去除附着在原料表面的泥垢、沙土等污渍。洗净后，将葱、姜、蒜等调味料切碎，加入适量黄

醉泥螺

酒、酱油、醋等，搅拌制成调味汁倒入器皿，盖好盖子。一般，待活虾不再蹦跳后可食用，螃蟹一个星期后可开坛食用，泥螺 10 天后可食用。

与其他水产加工手段相比，醉制加工产品产量较低，种类较少，规模化、产业化的醉制加工产品仅有泥螺；但醉制历史悠久，产品在醉制过程中产生了特有的风味和香气，已成为中国部分地区普通老百姓餐桌上必不可少的一类特色水产加工制品。

## 糟　制

糟制是一种水产品经熟制或直接放在腌制容器内，再加入油、盐及酒糟等调味品后封口放置一段时间食用的水产品加工方法。水产品的糟制借鉴了食品"糟"的方法，与利用鱼体自身蛋白酶进行的"自然发酵"不同，是原料经盐渍脱水后，再辅以酒糟等调味品进行渍制，最后经过不同程度的发酵而成熟。

糟制是一种历史悠久的加工手段。早在北魏《齐民要术》中就有详细的糟鱼制作方法。至唐代，糟鱼成为纳贡朝廷的贡品；明清时期，糟制已成为广泛分布于沿海地区、长江中下游地区及西南地区的水产品加工的重要方法。至 2020 年，糟制仍然是中国水产品加工的重要手段，形成了以鱼类为主的种类繁多、风味各异的糟制水产品，如浙江地区的糟鳓鱼，贵州侗族、苗族的糟酸鱼，以及安徽铜陵的臭鳜鱼等。传统的糟制受气候、季节的影响很大，生产周期较长，主要依赖传统经验，产品质量波动较大。部分企业已利用微生物接种发酵技术，初步实现了糟制的标准化和工业化。

在糟制成熟过程中，一方面酒糟具有防腐作用；另一方面，其存在的多种微生物分泌的酶能够分解部分腥味物质并能部分降解鱼体蛋白质。这些新形成的物质又与调味料中的化学物质发生一系列复杂的化学变化，使糟制品具有特殊的发酵醇香味。

大部分水产品原料均可以糟制，其中以鱼类最为常见。比较有名的是传统糟鱼。糟鱼原料选材范围较广，既可选用淡水鱼类，也可选用海鱼。鱼类的糟制处理工艺同腌制类似，只是在容器内码放时要喷洒糟液，其他处理方式按腌制操作即可。

糟制是中国传统的水产品加工手段，由于受生产经验、天气等因素的影响，糟制产品产量较低、种类较少。2016 年，全国糟制水产品产量虽仅占水产品加工总量的 1% 左右；但因此也形成了一批具地方特色的糟制水产品，增加了水产加工业产品种类，成为水产加工业重要的加工手段。

## 盐　渍

盐渍是一种用食盐来贮藏水产品的方法，是水产品腌制最基本的方法。又称盐腌、食盐腌制法。

盐渍的特点是操作简单，不需要大规模设备，其作为陆地上及船上渔获物的简单加工流传已久，直到今天，当有大量渔获物又无法及时处理时，盐渍加工仍然是一种非常方便而有效的水产品加工方法。

### ◆ 类型

按照盐渍工艺方法，可分为重盐渍法、盐水渍法和混合盐渍法。

重盐渍法。一种用盐量超过水产品原料重量 30% 的腌制法。此法通常在渗水性较好的地板上铺上竹帘，在其上摊放撒满食盐的鱼体，再一边将鱼体重叠一边补充食盐（即层鱼层盐），盐腌几天后再重复腌制几次。重盐法具有脱水效率高、不需要特殊设施、加工产品经久耐存等优点，但存在用盐不均匀、强烈脱水导致鱼体外观差、鱼体与空气接触导致脂肪氧化等问题。一般用此法盐渍体形较小脂肪含量较低鱼类，传统上个体较大鱼类如鲑、鳟、鳕、鲐等也常用此法。

盐水渍法。将鱼体浸入食盐水中进行腌制的方法，又称湿盐渍法。此法通常在坛、桶等容器中加入规定浓度食盐水，再将鱼体放入浸腌。这时，一边补充盐，一边浸腌。有的浸腌一次，有的浸腌两次。盐水渍法具有食盐渗透均一、脂肪不易氧化、不会出现过度脱水、制品外观和风味好等优点，但其缺点是耗盐量大、设备投入较多、管理工作量大等。此法常用于盐渍鲑、鳟、鳕等大型鱼类和鲐鱼、秋刀鱼、沙丁鱼等中小型鱼类。

混合盐渍法。干盐渍法和盐水渍法相结合的盐渍法，又称改良腌或坛腌。该方法通常是鱼体在干盐堆中滚蘸盐粒后，排列在坛中，以层盐层鱼方式叠堆放，在最上层再撒上一层盐，盖上盖板再压上重石。经一昼夜左右，从鱼体渗出组织液将周围食盐溶化形成饱和溶液，再注入一定量饱和盐水进行腌制，以防止鱼体在盐渍时盐液浓度被稀释。这种方法的特点是腌渍时鱼体同时受到干盐和盐溶液的渗透作用，盐渍过程中鱼体内渗出水分可及时溶解水产品表面干盐，以保持盐水饱和状态，避免了盐水被冲淡而影响盐渍效果。同时，可使盐渍过程迅速开始，不像干盐法那样需待表面发生强烈脱水作用后才开始盐渍。混合盐渍法具有食盐渗透均一、盐渍初期不会发生腐败、能很好抑制脂肪氧化、制品外观好等优点。此法适用于盐渍肥满的鱼类。

按照盐渍温度不同，可分为冷却盐渍法和冷冻盐渍法。①冷却盐渍法。使原料鱼预先在冷藏库中冷却或加入碎冰，使其达 0～5℃ 时再进行盐渍的方法。一般是气温较高的季节，为抑止鱼肉组织自溶和细菌作用，以保证制品的质量。确定用盐量时，需要考虑冰融化为水的体积变化因素。②冷冻盐渍法。预先将鱼体冻结再进行盐渍的方法。随着鱼体解冻，盐分渗入，盐渍逐渐进行。此种盐渍法在保持制品品质上更加有效，但操作烦琐。

◆ 应用

盐渍产品中食盐含量较高。食用需控制量，防止食盐过量摄入对人体健康产生隐患。低温（冷却或冷冻）盐渍，可防止鱼体深处的鱼肉在盐渍过程中，因食盐渗透速度慢致使食盐浓度低而发生变质。体形大、脂肪含量多的鱼类常采用此法。

# 水产罐头食品

将水产品原料经过预处理后，装入密封容器中再经杀菌、冷却等过程制成的食物称为水产罐头食品。

◆ 简史

水产罐头食品发展历史源远流长，公元 6 世纪北魏农学家贾思勰在《齐民要术》中对罐藏法就有描述，"一层鱼，一层饭，手按令紧实，荷叶闭口。泥封勿令漏气。以箬封口"。此种保藏方法可视为罐藏方法的萌芽。18 世纪末，法国陆军因战争给养出现问题，拿破仑悬赏鼓励发明保藏食品的方法，法国人 N. 阿佩尔（Nicolas Appert，1749～1841）经过多年努力，于 1804 年成功研究出可以长期贮存的玻璃瓶装食品。N. 阿佩尔给它取名为"Conserve"，传入中国后译为"罐头"。1810 年，英国人 P. 杜兰德（Peter Durand）获得玻璃、金属容器盛装食品的专利。1812 年，他在法国巴黎附近马西镇建立了世界上第一个罐头食品厂，产品主要供给军方。1864 年，法国科学家 L. 巴斯德（Louis Pasteur，1822～1895）阐明食品腐败变质的原因是由于微生物的作用。1873 年，L. 巴斯德提出加热杀菌的理论。1920 年，鲍尔（Ball）和比奇洛（Bigelow）首先提出了罐头杀菌安全过程的计算方法，即图解法。1923 年，鲍尔又建立了杀菌时间的公式计算法、杀菌条件安全性的判别方法。1948 年，斯塔博（Stumbo）和希克斯（Hicks）进一步提出了罐头食品杀菌的理论基础 F 值，从而使罐藏技术趋于完善。1968 年，日本大家食品公司首先生产出质量较高的蒸煮袋，此后蒸煮袋在世界各国得到迅速发展，部分替代了金属罐。传统水产食品软罐头的生产在过去一直采用加压加热高温杀菌工艺，现在真空包装-巴氏杀菌工艺，以及气体置换包装-阶段杀菌工艺（新含气调理杀菌工艺）都有所应用。在水产品罐头工业中，尤其鱼类罐头，尽管各种罐藏容器不断发展，但镀锡罐及铝罐的应用仍为多数。

中国的罐头工业始于 1906 年，上海泰丰食品公司是中国首家罐头厂。随后，沿海各省先后兴建罐头厂。随着科学技术的发展和人们生活水平的提高，罐头工业出现了新的特点，表现为罐藏原料的日趋优化，生产作业的逐步自动化，先进工艺技术的应用加快了罐头工业生产的连续化，包装材料不断更新促进了罐头消费。

◆ **工艺流程**

加工之前需要对原料进行各种前处理，以除去污物和不可食部分，然后将处理后的水产食品原料进行盐渍（或不盐渍）、再进行适当的预热处理或调味（油炸、蒸煮、烟熏等），进行装罐、密封、杀菌、冷却、静止保温检验等过程，再经包装后出库。

◆ **加工原理**

将经过初加工的水产品置于排气密封的容器内，经过高温加热处理，杀灭水产品中的微生物，并使酶的活性受到破坏；同时，由于隔绝空气，防止外界的再次污染和空气氧化，水产品得以长期保藏。

◆ **原料**

主要为鱼、虾、贝、藻，一般要求为鲜活、冰鲜，或冷冻冷藏原料，对冷冻冷藏原料要求在 -18℃ 贮藏期为 6 个月以内的原料。中国沿海及内陆水域面积广阔，海岸线长，自然条件优越，水产资源丰富，因此，水产品在罐藏原料中占有重要地位。中国现有的鱼、虾、蟹、贝等水产品有 2000 多种，是世界上鱼、贝类品种最多的国家之一。在品种众多的水产品中，有经济价值的有 300 多种，但由于受各种条件限制，中国用于罐藏加工的品种仅有 70 多种，其中较为著名

水产罐头食品

的海产品有鲅鱼、鲐鱼、鲭鱼、鲫等，淡水鱼类有青鱼、草鱼、鲢、鳙等，还有名贵水产品如鲑鱼、鲥鱼、银鱼、对虾、鲍鱼等。

### ◆ 分类

根据罐头食品的前处理工艺、调味方法不同将水产罐头分为以下4类。①清蒸水产罐头。常见的有清蒸鲑鱼罐头、清蒸对虾罐头、原汁赤贝罐头和清汤蛏罐头等。②调味水产罐头。又可分为红烧、葱烤、鲜炸、五香、豆豉、酱油等，常见的有豉油鱿鱼罐头、红烧花蛤罐头、葱烤鲫鱼和豆豉鲮鱼等罐头。③茄汁水产罐头。不少鱼类，如鳗鱼、鲭鱼、鲅鱼、鱿鱼、鲳鱼、乌贼、青鱼、草鱼、鲢鱼和鳙鱼等，可制成茄汁类罐头。④油浸（熏制）水产罐头。常用的原料有鳗鱼、黄鱼和带鱼等。

### ◆ 价值

水产类罐头由于在加工过程中需要经过油炸、蒸煮、调味、盐渍、烟熏等特殊工序，所以此类产品不仅具有水产品原有的风味，还增添了其他特有风味。其中，清蒸类水产罐头的特点是成品保持原料固有的天然风味，或者天然风味损失极少，食用时可依消费者的嗜好重新调味，不受各地口味不同的影响。另外，水产罐头制品经过一定时间的储藏后风味更佳，便于携带，食用方便。

## 油浸类水产罐头

将新鲜水产品原料鱼、虾、贝经去头、去内脏、切块、腌渍后，生装或经蒸煮脱水、烘干或烟熏等工序处理后，装入马口铁罐或玻璃罐后，加入精制植物油及其他调味料后经过排气、密封、杀菌等工序制成的水产罐头称为油浸类水产罐头。

日本最早将油浸调味方法应用于鱼类罐头的加工。1871年，日本的松田雅典研制出世界上第一个水产罐头——油浸沙丁鱼罐头，随后这种加工方法在世界各国推广应用。一般适宜于加工成茄汁类罐头的水产原料均可加工成油浸鱼罐头。油浸类水产罐头主要产品品种有油浸沙丁鱼、油浸鲭鱼、油浸贻贝、油浸烟熏牡蛎罐头等。

**油浸金枪鱼罐头**

油浸类水产罐头传统加工采用的原料有沙丁鱼、鳗、鲭鱼、黄鱼、带鱼、金枪鱼以及贝类等。油浸类水产罐头要求采用冰鲜鱼或冷冻良好的原料，以饱和食盐水腌渍，根据鱼体大小、气温高低和冻、鲜鱼原料区别，适当调节盐渍时间。盐渍后用清水冲洗干净，沥干，经98～100℃蒸煮脱水30～40分钟，装罐。也可采用烟熏方法预处理后装罐。精炼植物油应先加热至180～200℃后，冷却至80～90℃过滤后添加，随后真空密封及115℃、30分钟以上的高温杀菌。以贝类为原料的油浸烟熏贻贝罐头及油浸烟熏牡蛎罐头风味柔和，有烟熏特有的香味。油浸（烟熏）水产罐头制成后，贮藏成熟过程中，油在鱼肉或贝肉中扩散，腥味消失，产生特有香气，皮色变深，肉色变淡红，组织软化，风味达最佳状态。

## 调味水产罐头

鱼、虾、贝、藻等水产原料经预处理、蒸煮或油炸后装罐或装袋，加入调味汁，经过排气、密封、杀菌等工序制成的一类罐头食品称为调味品水产罐头。

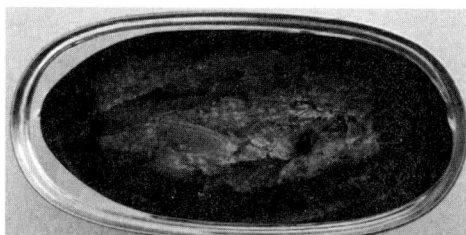

**豆豉鲮鱼罐头**

调味品水产罐头注重调味液的配方及烹饪技术，使产品具有原料及配料特有的风味和香味，满足不同消费者对口味的要求。根据烹调方法的不同，分香酥、红烧、油焖等产品。根据调味汁的不同，有五香、咖喱、糖醋、豆豉等风味。调味水产罐头成品通常汤汁较多，色泽深红。使用的调味料除盐、糖外，香辛料通常有桂皮、丁香、辣椒、花椒、八角茴香等。常见有红烧鲐鱼、红烧鲤鱼、香酥黄鱼、酱油墨鱼、五香凤尾鱼、豆豉鲮鱼、红烧花蛤、红烧牡蛎、调味海带丝等罐头品种。

调味鱼类罐头加工过程中以活鲜鱼为原料，除去头、鳞、鳍，剖腹去内脏，整条鱼或切块后经盐腌、油炸趁热浸渍于调味液中，以便调味液迅速渗入肌肉组织中，然后取出，装罐，添加调味汁，密封，经115℃以上的高温杀菌30分钟以上。红烧花蛤、红烧牡蛎等调味贝类罐头采用活的原料，开壳取肉后脱水，装罐时添加调味液，再密封杀菌。

调味品水产罐头加工过程中油炸时要控制好油的温度，油炸时间以炸至表面呈金黄色为宜，沥干油后趁热浸渍于调味液中，才能形成良好色泽与风味。调味水产罐头装盛容器必须选用抗硫涂料罐、玻璃罐或带铝箔的复合薄膜袋,防止储藏过程中出现变黑现象。

## 茄汁水产罐头

鱼、虾、贝等水产原料经过预处理、蒸煮脱水或油炸后装罐并加注茄汁,然后经过排气、密封、杀菌等工序制成的一类罐头食品称为茄汁水产罐头。

茄汁类水产罐头兼具水产品及茄汁的风味,并宜经过贮藏成熟,待色、香、味调和后食用。茄汁主要由番茄酱、砂糖、精盐、味精及精制花生油与香料水配制而成。香料水由月桂叶、胡椒、洋葱、丁香、元荽子加水煮沸并保持微沸 30 ~ 60 分钟后滤去残渣得到。由于茄汁中的有机酸和鱼、虾、贝肉蛋白质的分解产物胺类等碱性物质发生中和作用,起到调节和部分掩盖原料腥味及异味的作用,因而对原料的要求比清蒸类、油浸类水产罐头要低。

适于加工茄汁水产罐头的水产原料主要有鲭鱼、鲅鱼、鳗鲡、沙丁鱼、鲢或鲤等海洋中上层多脂肪鱼类及各种淡水鱼。新鲜原料鱼去头、鳞、鳍、内脏,清洗干净后,按罐头容器规格整条或按罐头高度切段后用 10% ~ 15% 盐水腌渍 10 ~ 20 分钟,然后采用蒸煮或油炸方式进行脱水,装罐后添加由香料水调配的茄汁,采用真空排气,再经过密封及 115℃以上的高温灭菌 30 分钟以上,冷却后即可制鲅鱼、沙丁鱼、鲢等茄汁罐头。

茄汁水产罐头一般质量要求是:①肉色正常,茄汁为橙红色、鱼皮呈自然色泽。②茄汁风味浓郁,咸淡适中,无异味。③组织紧密适度,块形完整不碎散，大小均匀，鱼块应竖装排列整齐。由于鱼中含有丰富的蛋白质，其中含硫氨基酸如蛋氨酸含量丰富，茄汁酸度较高，因而装盛容器必须选择抗酸抗硫的涂料罐或玻璃罐，避免产品在贮藏过程出现变色、粘罐及罐内壁腐蚀等现象。

## 清蒸水产罐头

以鲜度较好的动物性水产品为原料，不加或加少量调味料，经过初步加工，以生鲜状态经预热处理后装罐制成的保持原料固有色泽和风味的罐头食品称为清蒸水产罐头。

清蒸水产罐头主要产品有清蒸鲑鱼、清蒸鲳鱼、原汁鲱鱼、盐水金枪鱼、清蒸墨鱼、清蒸对虾、清蒸蟹肉、原汁鲍鱼和原汁文蛤等。

清蒸水产罐头常用的原料有金枪鱼、海鳗、鲳鱼、马鲛鱼、鲑鱼等脂肪多、水分少、新鲜肥满、肉质坚密的鱼类。除鱼类外，头足类的墨鱼及贝类中的牡蛎、鲍鱼、蛤蜊和甲壳类的虾、蟹等也可加工成清蒸类罐头。清蒸水产罐头的生产，要求特别注意原料的鲜度及适当的杀菌温度与时间，尽量保持水产品特有的风味和色泽。

清蒸水产罐头不同原料的预处理有所不同。清蒸鱼类罐头的原料处理要求把鱼体表面的污物和黏液洗

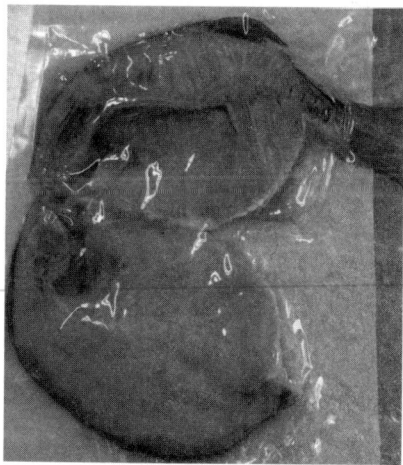

**清蒸鲳鱼罐头**

净，然后去头、剖腹去除内脏、腹腔内膜、血污等，再切段、洗涤后装罐，还要添加适量的食盐；贝类清蒸罐头的原料要求充分吐沙后用沸水漂烫、剥壳取肉，剔除其中的黑筋、碎壳或碎肉，再经洗涤后装罐，通常还将漂烫时的汤汁回收，调配成约 3% 盐水一起装罐；清蒸对虾罐头则须去头、去壳，然后用 1.5% 盐水预煮后装罐。所有处理好的鱼、贝、虾装罐后通过热力排气或真空封罐排气后密封，以便获得较高的真空度。清蒸水产罐头必须经过 100℃ 以上的高温杀菌，才能保证其保质期 1 年以上。

## 水产软罐头

以鱼、虾、贝、藻等水产品为原料，预处理后装入蒸煮袋，真空密封后经高温杀菌制成的各种风味的罐头食品称为水产软罐头。

软罐头起源于美国，英文名称为 "Retort Pouch"。1995 年，伊利诺伊大学开始对软罐头进行研究；1959～1966 年，美国军队内蒂克（Natick）开发中心和大陆制罐公司（今改为大陆软包装公司）协作，开发出由聚酯、铝箔及聚烯烃 3 层袋包装的肉制品软罐。水产软罐头加工原理及工艺方法类似于以马口铁罐为代表的刚性罐头。

水产品软罐头的包装容器主要采用基材为聚酯或尼龙／铝箔／聚烯烃复合薄膜的蒸煮袋，或采用中间不用铝箔的聚酯或尼龙／聚烯烃复合薄膜制成的蒸煮袋。两者均可进行高温杀菌但后者的食品货架期较短。采用软罐头做容器的一个较重要的优点是，由于复合薄膜袋薄，其传热效果好，杀菌加热时间较短，因此内容物能保持较好的风味与营养。

水产软罐头因其包装具有自由变形的特点，加工时宜采用反压杀菌及冷却，防止其出现破袋或裂漏现象。水产软罐头具有质量轻、不易破损、容易开启、耐贮藏、运输及携带方便、印刷后商品外观美观等优点，因而较玻璃罐更受生产者与消费者的欢迎，并呈现逐步取代玻璃罐的趋势。

# 水产调味品

以水产品及其加工副产物为原料，通过各种工艺加工制成的用来改善食品味道的产品称为水产调味品。其中，以海洋生物及其加工副产物为原料生产的调味品又称为海鲜调味料。

### ◆ 简史

水产调味品的制作历史非常悠久，中国古农书《齐民要术》中就已详细记载了鱼露的制作工艺，后来逐渐发展为人们生活中常见和重要的一类调味料，特别是在沿海地区。1888 年，中国人以熬制的方法生产出了蚝油。1908 年，日本科学家池田菊苗博士利用海带单独分离出谷氨酸钠盐，即味精。1913 年，日本小玉新太郎发现鲣的鲜味成分是 5'-肌苷酸。

### ◆ 原料

水产调味品常见的原料有海水硬骨鱼类，如鳀鱼、沙丁鱼、蓝圆鲹；软体动物，如扇贝、牡蛎、蛤仔、乌贼等；甲壳类动物，如虾类、蟹类等；棘皮类如海胆；海藻类如海带、裙带菜等。

### ◆ 主要成分

水产调味品中富含各种呈味物质，如谷氨酸、甘氨酸、丙氨酸、肌苷酸、腺苷酸、甜菜碱、琥珀酸、糖原等，这些化学物质的不同含量和组合形成了水产调味品各种独特的风味。

## ◆ 加工技术

水产调味品加工主要有提取、浓缩和干燥等传统技术，以及生物酶解技术、快速可控发酵技术、美拉德增香技术和生物脱腥技术等现代技术。

### 生物酶解技术

组织酶自溶技术、外源酶酶解技术或者采用二者相结合的形式。此技术生产的产品亦属于分解型水产调味品。主要依靠水产动物体内本身存在的水解酶类在一定条件下对细胞组织的自分解作用而达成。外源酶酶解技术是在加工中添加外源蛋白酶对原料进行酶解，以提高原料蛋白的利用率，增加产品风味强度。此种方法加工的产品不仅风味尤为突出，同时具有各种功能特性。

### 快速可控发酵技术

快速可控发酵技术是指通过保温发酵或加入外源蛋白酶或曲霉的方式达到加快自然发酵进程的方式。此种方式可以大幅度降低生产周期。采用快速可控发酵工艺生产的产品在风味上比酶解法生产的产品更加接近自然发酵法产品，但达不到自然发酵法长时间发酵形成的独有的风味。

### 美拉德增香技术

利用美拉德反应调香的机理，将已抽提或酶解后的水产品作为反应基料，通过添加不同配比的氨基酸、还原糖以及辅助的增香增鲜物质，并控制温度、pH等反应条件进行反应，得到的产品比单纯抽提或酶解产品海鲜香味更浓郁，口感更淳厚。

### 生物脱腥技术

生物脱腥技术是采用微生物发酵的方法去除水产品中由于氧化三甲胺的分解、蛋白质降解、脂质的自动氧化、腥味化学成分的生物积累和其他相关化学反应所导致的腥味化学物质，以提高水产品风味品质的加工技术方法。此种方法绿色无污染、原料的营养成分损失较少，在去除腥味和异味的同时，还能使产品产生特殊的香味。常用微生物有酵母、乳酸菌等。

### 抽提技术

抽提技术主要是水抽提法，包括低温抽提、热水抽提等。低温水抽提的温度在 50 ～ 90℃，可保持原料的特征风味，减少营养成分的损失。热水抽提法是在沸腾状态进行抽提，其生产通常是先将原料进行煮汁、分离、混合和浓缩等工序，再通过调配制得富有原料特色香气的调味品。

### ◆ 类型

常见的水产调味品包括传统水产调味料如鱼露、虾油、虾酱、蟛蜞酱、蚝油等和现代加工技术生产的各种水产调味料，如各种海产抽提物、干贝素、蛤精粉、鱼虾贝调味基料等。传统水产调味品按不同加工方式又可分为抽提型和分解型两大类。

### 抽提型水产调味品

抽提型加工法在中国历史悠久，但产品种类有限。日本采用现代提取技术开发生产天然抽提型水产调味品。最具代表性的抽提型产品即蚝油。蚝油在中国广东、福建沿海及东南亚一带是家庭常用的传统的鲜味调料，也是调味汁类最大宗产品之一。蚝油是采用蚝（牡蛎）熬制而成的海鲜调味料，具体的加工工艺为：选取优质牡蛎，去壳→整肉水煮→过滤→浓缩蚝汁→加配料、加热→增味调香→过滤→装瓶→巴氏灭菌→成品。其中，最重要的步骤是水煮鲜蚝至理想的黏度，此过程可将牡蛎中具有呈味功能的各种化合物充分溶于水中。为达到一定的鲜味要求，煮制所需时间一般较长，即使是高压煮制至少也需要 3 小时以上，这是做出优质蚝油的关键。煮制成功的蚝汁味道鲜美、海鲜香味浓郁、黏稠适度、营养价值高，这是因为利用抽提法所得的汤汁含有牡蛎原料所有的水溶性呈味成分，故而其原料的特征香味浓郁，且味道自然，但是传统蚝油的加工时间较长，且整肉水煮后的蚝肉多被弃置或低价销售，原料的利用率较低。现代水产技术已将生物酶解技术引入传统工艺中，大大增强了原料的利用率，降低了生产成本。

现代技术生产的抽提型水产调味品是以天然的鱼、虾、蟹等为原料，经过抽提、分离、混合、浓缩或干燥等工序生产的一类味感鲜美浓郁、丰满淳厚、圆润香滑、回味悠长、风味特征性强的天然抽提物。因其含有天然原料全部水溶性成分（多种氨基酸、呈味肽、核苷酸、有机酸以及糖类物质等），故能提供给人以复杂的后味，使人的味觉产生满足感，且味道自然，没有化学调味品的单调感和异味，有利于强化和突出食品的特征风味。此类产品调味作用的核心是赋香、强化、改善味道和使味觉复杂化功能。

### 分解型水产调味品

通过加酸或利用水产原料自身携带的酶类和微生物的作用将原料主

要成分蛋白质进行分解，得到富含氨基酸、肽类及各种呈味成分的汁液，再经调配而制得的产品即为分解型水产调味品。

根据对原料分解方法的不同，分解型水产调味料的生产技术可分为自然发酵法、酸水解法、酶解法3种形式。自然发酵法生产的水产调味品中，最具有代表性的是鱼露，是以低值鱼虾或其加工副产物（鱼头、内脏以及咸鱼卤水、煮汁、鱼粉厂的压榨汁等）为原料，利用鱼体所含的酶，在多种微生物共同参与下发酵酿制而成。在鱼露的生产过程中，盐腌、发酵和成熟是重要的加工步骤，盐腌的加盐量一般控制在25%～26%，渍出卤汁时要及时封面压石。腌制自溶一般需要7～8个月，当鱼体变软、肉质呈红色或淡红色、骨肉呈容易分离的融化状态，成为气味清香的鱼胚醪，可以转入中期发酵。成熟过程是将成熟的鱼胚醪移到露天的陶缸或发酵池中，进行日晒夜露并勤加搅拌的过程。传统的鱼露生产总时长10～18个月，产品的盐度高，达20%～30%，其产品味道鲜美，香气浓郁。酸水解法由于使用强酸，易造成环境的污染，还可能产生一些有毒副产物而趋于淘汰。水产调味料的现代加工技术较多采用的是酶解法。

◆ 应用

水产调味品可作为调味料直接食用，也可作为调味品的基料生产复配型调味料。水产调味品可用于提高食品风味和营养品质，增加食品的品种和方便性，满足不同人群的特殊需要，增强食品的个性特点和节省水产品原料。例如，可添加于直接食用的加工品（鱼糕、鱼丸、鱼肉肠等）中来增加产品的海鲜风味；可添加于方便食品及冷冻调理食品（方便面、米粉、米线调料、干脆面等）的配料包中；可作为家用调味品（酱油、蚝油、调味酱、调味粉等）；还可添加于各类休闲食品、快餐食品（薯条、虾条、膨化油炸食品等）和各式汤料、菜肴、腌菜类等食品中作为辅料来增加产品的风味。

## 水产发酵制品

以水产动物为原料，经微生物或酶发酵作用而制成的调味产品称为水产发酵制品。水产发酵调味品传统制品是经盐渍抑菌，再经发酵将组织内的多种呈味成分释放出来而制得风味独特的汁、酱类制品；现代工艺通过接种微生物或添加外源酶来加速蛋白的分解，从而缩短了发酵周期。常见的水产发酵制品有鱼露和虾油。

### ◆ 鱼露

又称鱼酱油。鱼露以低值鱼虾或其加工副产物（鱼头、内脏以及咸鱼卤水、煮汁、鱼粉厂的压榨汁等）为原料，利用鱼体所含的酶，在多种微生物共同参与下发酵酿制而成。生产鱼露常见的原料有蓝圆鲹、鳀鱼、七星鱼、青鳞鱼等。鱼露在中国广东、福建、台湾、香港等地多见，其产品呈红褐色、澄清有光泽，味道鲜美并且含有丰富的氨基酸、有机酸及人体新陈代谢所必需的微量元素等。

鱼露

## ◆ 虾油

又称虾油露。虾油并非油脂，而是以新鲜虾为原料，经腌渍、发酵、熬炼后制成的一种味道鲜美的液体发酵制品。优质的虾油色泽黄亮、汁液浓稠，无杂质和异味，味鲜美，咸味轻。虾油主要用于汤类菜肴的提鲜增香。

## 海鲜调味基料

海鲜调味基料是以低值水产品或加工副产物生产的用于调味的各种原料。

水产品含有丰富的蛋白质、微量元素及生理活性物质，水解后大部分蛋白质转化成氨基酸，更易为人体吸收，以此为原料加工而成的海鲜调味基料富含氨基酸、有机酸及核苷酸关联化合物等营养和呈味成分，还有许多有益人体健康的活性物质，如牛磺酸、活性肽等。

按生产方式分类，海鲜调味基料可分为抽提类和分解类。前者不仅看重其独特的风味特性，也追求原料的天然性和营养性，根据原料的来源也可分为4类调味基料：①鱼类调味基料。以低值海产鱼类或加工副产物为原料，采用抽提或酶解工艺制得各种调味基料，如鲣提取物、鲑鱼提取物、各种酶解鱼蛋白粉等。②虾蟹类调味基料。虾头营养价值不比虾肉差，蛋白质含量40%以上，还含有丰富的钙和磷，可以加工成鲜虾膏、鲜虾酱及酶解所制得的蛋白粉，如虾蟹提取物、

**海鲜酱油**

酶解型制品虾精、虾肉精膏等。③贝类调味基料。以贝类肌肉、煮汁或加工副产物为原料，经浓缩、酶解等不同工艺制得液状、粉状体、膏状体或浓缩液等各种调味基料产品，如蚝水、蛤精粉、牡蛎酱、酶解贝类蛋白粉等。④藻类调味基料。海带紫菜经过热水提取或酶解工艺，可以制备海带汁、紫菜汁，这两个调味料可以应用到汤料、火锅调料、面汤、拌面及其他方便食品，在海鲜酱油上也有应用。

　　海鲜调味基料可广泛应用到各种方便食品、膨化食品、鱼糜制品、肉制品，以及海鲜汤料、调料等。

## 水产调味沙司

　　水产调味沙司是以新鲜水产品或水产加工下脚料为原料，采用加热、抽出、发酵、浓缩、调配等不同工艺手段加工制得的呈糊状的一类特色调味品。水产调味沙司主要有蚝油、虾酱和蟹酱等。

### ◆ 蚝油

**蚝油**

蚝油是利用牡蛎煮汁熬制的蚝水经调配而成的一种天然风味高级调味料。蚝油含有多种呈味成分，鲜味浓郁，同时还含有丰富的微量元素和多种氨基酸、锌、牛磺酸等，是中国东南沿海地区常用的传统海鲜调味料，也是调味汁类最大宗产品之一。

◆ 虾酱

虾酱是以各种小鲜虾为原料加盐发酵后，经磨细制成的一种黏稠状的酱类调料。虾酱色泽鲜黄，质细味纯香，盐足，含水分少，具有虾米的特有鲜味。若加工虾酱时混入小蟹、小蛤等，则颜色呈灰色或灰黄色，品质下降。虾酱以河北唐山、山东惠民和羊角沟、浙江和广东出产最多，以河北唐山、沧州的产品质量最好。虾酱可作为调味料放入各种菜品内，味道鲜美，也可生吃，或蒸制后单独作菜肴食用。

虾酱

◆ 蟹酱

蟹酱是以蟹为原料加盐后发酵所制得的调味品。蟹酱加工和产量远不如虾酱普遍。日本和美国以小杂蟹为原料，经酶解、浓缩、过滤、精制提取出水解蟹油，可作为模拟蟹肉的添加剂或配合其他香辛料生产粉状的蟹味素调料。中国采用传统发酵法生产蟹糊和蟹酱（如蟛蜞酱），但由于发酵时间长，挥发性盐基氮较高，易导致腥味浓，其产品也不多见。

# 水产保健食品

水产保健食品是指符合营养要求的水产原食物（鲜活水产品）及由其加工而成的水产制成食物，又称水产功能食品、水产功能性食品。水产保健食品具有调节机体功能、促进健康的功效。

◆ **功效成分**

水产保健食品的功效成分能通过激活酶的活性或其他途径调节人体机能，主要的功效成分包括多糖及糖苷类化合物；活性蛋白、肽及氨基酸；脂类及脂肪酸类化合物；皂苷类化合物；萜类活性化合物；多酚类；甾醇类；胡萝卜素类；以及环肽类等。

◆ **保健特性**

水产品特别是水生动物类，蛋白含量一般较高，多为低热量食品，含有丰富的矿物质，有些海产品含有丰富的维生素或维生素源物质，海洋藻类中含有丰富的膳食纤维。因此，水产品具有预防心脑血管疾病、健脑益智、抗癌、防癌；降血压、血糖；抗菌、抗病毒；提高机体免疫功能；清除自由基及抗衰老等作用。此外，许多藻类具有抗放射作用，这对癌症病人放化疗期间的保护及特种环境工作的人们有重要意义。

◆ **分类**

水产保健食品主要包括鱼油、水解蛋白、海藻多糖、甲壳素、角鲨烯、$\omega$-3 高度不饱和脂肪酸、食用微藻粉、硫酸软骨素、虾青素、海参皂苷、牛磺酸等。

市场上常用低值鱼贝类提取乳化性水解蛋白，根据其功能性加工成有利于高血压和心血管病人的功能食品、促进儿童生长发育的食品，以及增强免疫和抗氧化的保健品及水解蛋白粉等。应用酶解技术从贻贝等水产品中提取出具有抗菌、抗氧化等活性的物质，然后添加辅助物制成各类的功能食品。

根据海藻的营养成分与生物活性，已经开发的海洋保健食品有海藻减肥辅助食品、海带滋补浸膏、海带片、维生素海带、裙带菜丝和螺旋藻等。海藻食品有海带饮料、海带软糖、螺旋藻胶囊、赛鲨力补氧胶丸、海藻晶、海带晶、海螺晶、减肥霜、抗皱霜、护发保健品的原料,以及螺旋藻营养面、营养蝴蝶片、藻维碘和藻维钙泡腾片等产品。在保健食品中,甲壳素可以作为功能食品添加剂,产品种类主要有减肥食品、降血压食品、糖尿病防治食品、心脑血管疾病防治食品和调节菌群食品等。市场上的产品有喜多安、壳糖安等。市场上鲨鱼软骨制品有上百种,主要产品有鲨鱼软骨胶囊、鲨鱼软骨粉和鲨鱼软骨剂等。鲨鱼软骨的研发技术比较成熟,但是其他软骨鱼类如鳐等的研究较少。

### ◆ 加工技术

在保健食品加工制造过程中,最大限度地保留功能性成分的活性,提高保健食品的稳定性,是研制开发保健食品的关键所在。传统的食品加工工艺和设备通常难以满足高水平的保健食品制造要求。保健食品的开发、生产和制造涉及的新技术主要有功能性成分的分离提取,保健食品原料的干燥、微粒化、稳定化处理,包装等技术。在功能性成分研究与生产方面,主要以天然动植物为原料,分离提取活性成分为主要手段。在功能性成分的分离提取方面,传统的提取方法有水提、醇提和水提醇沉等,但均存在提取率低、成本高、产品杂质多、对环境污染和提取过程中易造成有效成分破坏等缺点。随着生物技术的不断发展,如遗传工程、细胞工程、酶工程及发酵工程等越来越多的生物技术被应用到保健食品的生产制造中,这种状况逐渐得到改善。同时,膜分离技术、超临界萃取技术可彻底改变功能性成分分离提取的上述缺点;另外,低温干燥技术、超微粉碎技术和纳米技术、微胶囊技术等提取技术不断应用到保健食品的研究与生产当中，可提高有效成分的收率和纯度，以及保健食品的有效性、稳定性。

## 角鲨烯

角鲨烯的化学名称为 2,6,10,15,19,23- 六甲基 -2,6,10,14,18,22- 二十四碳六烯，又称鱼肝油萜、鲨烯，属开链三萜类化合物。

### ◆ 来源

角鲨烯最初是从鲨鱼的肝油中发现的一种不皂化物。1914 年被命名为 squalene。随后，发现其他鱼及鲨鱼卵油中也含有角鲨烯。角鲨烯是胆固醇合成过程中的中间产物，广泛存在于自然界中，特别是动物、植物、真菌、人体中。各种鲨鱼的肝脏中都含有角鲨烯，通常深海鲨鱼肝中含量高。角鲨烯含量因鱼种不同而变化，即使同种鲨鱼亦存在年龄、地理、种群上的差异。牛脂、猪油等其他动物油脂中也含有角鲨烯。角鲨烯在植物中分布也很广，但含量不高，多低于植物油中不皂化物的 5%。

### ◆ 性质

角鲨烯的分子式为 $C_{30}H_{50}$。相对分子质量 410.72。角鲨烯常温下为无色油状液体，在低温下也不会冻结。无色透明。几乎无味无臭。有较好的伸展性。对皮肤的渗透性极强。熔点 -72℃，沸点 350℃（1333.22 帕）。相对密度 0.8125（15/4℃）。不溶于水，难溶于甲醇、乙醇和冰醋酸，易溶于油脂和乙醚、石油醚、丙酮、四氯化碳等有机溶剂中。

◆ **功能**

角鲨烯具有抑制癌细胞、治疗白细胞减少症、预防肝脏疾病和神经疼痛、改善心血管系统、防止胃及十二指肠溃疡、防止糖尿病、细胞复苏和改善脏器功能、防治便秘、消除皮肤斑痕、增强精力等功能。角鲨烯的 6 个烯键具有很强的携氧能力，是一种无毒且具有防病治病作用的海洋生物活性物质。角鲨烯纯品不含人工色素、香料、防腐剂。角鲨烯胶囊作为优质营养补充剂已经被美国食品药品监督管理局批准生产并推荐上市。

◆ **制备**

角鲨烯可用有机溶剂提取，根据其在不同溶剂中溶解性，可采用冷冻结晶而分离。除从深海鲨鱼肝油中提取外，角鲨烯主要从橄榄油脱臭馏出物中提取。角鲨烯已能人工合成。

◆ **应用**

角鲨烯广泛应用于化妆品、医药、食品等许多行业，可用作膏霜、乳液、发油、发乳、唇膏等化妆品中的保湿剂，还可制成染发和护发用品，也广泛应用于美容药物、牙膏中。角鲨烯已被很多国家列为药物原料，如《中华人民共和国药典》就将角鲨烯作为口服营养药；日本已将其作为治疗低血压、贫血、糖尿病、肝硬化、癌症、便秘、龋齿的内服药剂，以及作为治疗胆和膀胱结石、扁桃腺炎、风湿病、神经痛、支气管炎、痛风、胃及十二指肠溃疡病等外敷药剂。角鲨烯还常作为功效成分添加于保健食品中，常见为保健软胶囊或胶丸。由于角鲨烯具有渗透、扩散、杀菌作用，无论是口服或外用均具有良好的生物学效应。另外，角鲨烯可制成用于食品加工机械的润滑剂，具有安全卫生、热稳定性高、抗氧化性强及润滑性良好等特点。用含角鲨烯乳液处理纤维，可使织物手感好、保湿性强。

## $\omega$-3 高度不饱和脂肪酸

$\omega$-3 高度不饱和脂肪酸是指具有 2 个或 2 个以上双键且第 1 个不饱和双键出现在距甲基端第 3 个碳原子位置的不饱和脂肪酸，在营养学上通常称为 $n$-3 多不饱和脂肪酸。

$\omega$-3 高度不饱和脂肪酸主要包括 α- 亚麻酸（α-LNA）、二十碳五烯酸（EPA）、二十二碳六烯酸（DHA）和二十二碳五烯酸（DPA），亚油酸为 $\omega$-6 系列不饱和脂肪酸。

$\omega$-3 高度不饱和脂肪酸在生物体中主要以甘油三酯或磷脂的形式存在。其中，α-LNA 主要来源于陆地植物，尤以紫苏油和亚麻籽油含量丰富，可高达 50% ~ 60%；普通食用油中以大豆油含量相对较多。而二十碳五烯酸、二十二碳六烯酸和二十二碳五烯酸属于超长链多不饱和脂肪酸，主要来源于海洋动物和微藻，尤以鱼油和海兽油含量高。$\omega$-3 高度不饱和脂肪酸因独特的营养功能和保健功效已成为海洋保健食品的重要功效因子。

二十碳五烯酸和二十二碳六烯酸的营养与保健功能是研究最多的两种 $\omega$-3 长链高度不饱和脂肪酸。二十碳五烯酸的保健功能主要包括改善脂质代谢、辅助降低高血脂、改善心血管功能预防心脏病；另外，在改善和调节机体免疫、抑制体内慢性炎症等方面也有很好的保健功效。

二十二碳六烯酸除具有二十碳五烯酸的保健功能外，还是大脑细胞膜的重要构成成分，参与神经细胞的形成、发育、维持神经细胞的正常生理活动，参与大脑思维和记忆形成过程，对老年痴呆具有改善作用。

从鱼油和藻油中获取高纯度二十碳五烯酸和二十二碳六烯酸的工业化生产技术已经得到大规模应用。高品质的二十二碳六烯酸主要应用于婴幼儿配方奶粉，高纯度的二十碳五烯酸可作为治疗高血脂的药物使用。人体内二十碳五烯酸和二十二碳六烯酸虽然可以通过 α- 亚麻酸在体内缓慢转化而成，但是二十碳五烯酸和二十二碳六烯酸所具有的独特生理和保健功能是 α- 亚麻酸无法替代的。

## 食用微藻粉

食用微藻粉是一种将微藻用一定方法干燥加工而成的粉状产品。

早在 16 世纪，人们就将微藻当作食物食用。微藻是由单细胞或数个细胞组成的微小藻类，可作为食品原料的微藻主要有小球藻、螺旋藻、杜氏盐藻等，主要以粉剂、丸剂、抽提物等形式投放市场。其中，粉剂即为食用微藻粉。食用微藻粉含有丰富的蛋白质、氨基酸、矿物质、维生素及脂质等营养物质，可作为保健品或食品添加剂。

## 硫酸软骨素

硫酸软骨素是共价连接在蛋白质上形成蛋白聚糖的一类糖胺聚糖。简写为 CS。CS 是由单一的二糖重复单元组成的，此二糖单元由葡萄糖醛酸（GlcA）和 N- 乙酰半乳糖胺（GalNAc）由 β-（1-3）糖苷键连接而成。

硫酸软骨素分子中分布着不同数量及组成的酸性阴离子基团，其中以硫酸基团居多，含有 50 ～ 70 个双糖基本结构，分子量在 1 万～ 5 万原子质量单位。根据其分子结构中糖醛酸种类和氨基己糖上硫酸酯位置的差异，主要分为硫酸软骨素 A（CS-A）、硫酸软骨素 C（CS-C）、硫酸软骨素 D（CS-D）、硫酸软骨素 E（CS-E）等。CS 的组成和含量取决于生物体和组织的功能，因此，陆生生物与海洋生物含有的 CS 有不同的链长和不同相对含量。

◆ 生产方法

硫酸软骨素生产流程有：①软骨的化学水解。②蛋白聚糖核的分解。③蛋白质的去除和硫酸软骨素的重获。④硫酸软骨素的提纯。前两个步骤是依靠高浓度的氢氧化钠、尿素或盐酸胍的碱水解；随后，结合使用阳性的季铵盐化学品、硫氰酸钾、非离子型洗涤剂或乙醇溶液进行聚多糖的选择性沉降；再用三氯乙酸脱蛋白；最终用凝胶过滤和 / 或离子交换进行纯化。但这种方法只能满足商业要求，不适用于临床使用要求。

◆ 应用

硫酸软骨素是结缔组织细胞外基质的重要组成部分，在关节软骨中可规范细胞生长、黏着、增殖和分化等。因为硫酸软骨素具有高度的生物相容性，这些相容性主要在与骨修复、软骨和皮肤损伤的生物组织建造有关方面有较好的作用，它和其他的生物大分子物质的结合物可以构建具有缓慢和受控的生物降解能力的结构，这种降解能力可以推进和加速损伤结构的重建。在损伤处，硫酸软骨素如果溶进水凝胶，可以参与表皮再生，刺激新血管形成并提供生长因子和细胞激素。

硫酸软骨素既是水产保健食品的添加剂之一，也是水产医药品。商业硫酸软骨素产品主要是与软骨再生、抗炎症活性和骨关节炎有关的产品。因此，低等或中等分子重量的硫酸软骨素（小于 2 万原子质量单位）因其对软骨降解酶的抑制作用已成为营养食品配方中治疗和预防骨关节炎的重要组分。同时，硫酸软骨素已被列为一种改变骨关节炎症状和病情的慢作用药物，并临床应用在骨关节炎疾病改善上。与 HA 一同应用于蛋白聚糖层的修复，已成为慢性膀胱炎以及膀胱疼痛综合征 / 间质性膀胱炎等膀胱疾病的新疗法，并且还在增强免疫，治疗银屑病，抗凝血及抗血栓等方面具有重大作用。

# 虾青素

虾青素是从某些微藻、虾蟹外壳和鲑鱼中发现的一种红色类胡萝卜素。虾青素的化学名称为 $3,3'$ - 二羟基 -$4,4'$ - 二酮基 -$\beta,\beta'$ - 胡萝卜素，又称虾黄质、龙虾壳色素。

◆ **理化性质**

虾青素的分子式为 $C_{40}H_{52}O_4$，相对分子质量为 596.86。纯虾青素单质为暗红棕色粉末，不溶于水，具有脂溶性。虾青素在丙酮、乙酸乙酯、氯仿及苯等有机溶剂中溶解度较大。由于结构中含有多个共轭双键，虾青素单质非常不稳定，极易受到光照、温度、氧、离子强度及金属离子等因素影响而发生氧化降解。

◆ **结构特性**

虾青素是由 4 个异戊二烯单位以共轭双键形式连接，在两端有 2 个异戊二烯单位组成的六元环结构的化合物。虾青素分子中存在 2 个手性碳原子，分别是 3C 和 3′C。每个手性碳原子可以有 $R$ 或 $S$ 两种构象，因此会相应产生 3 种光学异构体，分别为：一对外消旋型虾青素（左旋型 3S,3′S 和右旋型 3R,3′R）和内消旋型虾青素（3S,3′R）。

◆ **来源及存在形态**

虾青素在自然界中分布广泛，特别是在微藻、海洋动植物及酵母中，存在形态主要为游离态和酯化态，且具有物种差异性。商品化的虾青素产品主要来自雨生红球藻、红法夫酵母和合成虾青素。虾青素在鲑鳟鱼和红法夫酵母中主要以游离态存在，而在藻、虾和蟹中主要以酯化态存在。与虾青素相连接的脂肪链多为长链脂肪酸。不同生物中虾青素的光学构型不同，微藻、三文鱼及鳟鱼体内主要以 3S,3′S 构型存在，红法夫酵母中是以 3R,3′R 构型存在，而人工合成虾青素则为 3 种构型虾青素的混合物（3S,3′S 占 25%，3R,3′R 占 25%，3S,3′R 占 50%）。

虾青素分子的线性部分是多个碳碳双键形成的共轭长链，易发生顺反异构，形成多种几何异构体。自然界中游离态虾青素多以结构相对稳定的全反式虾青素存在。全反式虾青素易受溶剂特性、光、热、氧、金属离子等因素的影响而发生几何异构化，转化形成多种顺式构型异构体，主要有9- 顺 - 虾青素、13- 顺 - 虾青素、15- 顺 - 虾青素、13,15- 双 - 顺 - 虾青素。

◆ **生物学功能**

虾青素分子结构中特殊的 β- 紫罗兰酮环和长链共轭多烯结构赋予其有效淬灭活性氧的功能，其自由基清除能力远高于维生素 E 和其他类胡萝卜素（叶黄素、番茄红素和 β- 类胡萝卜素），并且能穿透血 - 脑、血－视网膜屏障。虾青素具有抗衰老、抗肿瘤、抗炎活性、抗糖尿病、减少氧化损伤、加强机体免疫力、改善运动机能、预防心脑血管疾病、神经保护等功能。不同虾青素异构体所表现出的生物学功能具有差异性。

# 海参皂苷

海参皂苷是指海参体内含有的一类羊毛甾烷型三萜皂苷，又称海参毒素、海参素。海参皂苷存在于海参体壁和居维氏器中，是海参的主要次级代谢产物。一种海参的总皂苷中通常含有几种甚至十几种结构相似、差别甚微的皂苷类化合物。

## ◆ 结构

海参皂苷由苷元和寡糖链两部分构成。苷元的 3 位通过 β-O- 糖苷键与糖基结合，分子质量在 600 ～ 1500。苷元为羊毛甾烷的衍生物，含 30 个碳原子，由 5 个环骈合而成。根据内酯环位置不同，苷元又分为海参烷型和非海参烷型。海参烷型含有 18（20）内酯环，非海参烷型苷元含有 18（16）内酯环或无内酯环结构，此种苷元很少见。苷元的 20 位上连有侧链，5 个角甲基分布于 4、10、20、25 位上，羟基、乙酰氧基、羰基、环氧基常常取代于 12、16、17 位及侧链上，双键位置常见于 Δ7（8）、Δ8（9）、Δ9（11）、Δ24（25）、Δ25（26）等位置，在侧链上有时出现共轭双键。

寡糖链一般由 2 ～ 6 个单糖组成直链或支链。常见的单糖有木糖、喹诺糖、葡萄糖、3-O- 甲基葡萄糖和 3-O- 甲基木糖等，通常木糖与苷元的 3β- 羟基直接相连。喹诺糖是海参皂苷的特征性单糖，通过高效液相色谱技术测定喹诺糖含量可准确定量海参皂苷含量，此方法已成为海参及其制品中海参皂苷测定的国家标准。

海参皂苷化学结构非常复杂，因其苷元和寡糖链上多处位置可被取代而呈结构多样性。引起苷元结构变化的基团有内酯环的变化、双键位置、侧链结构及 12、16、17 位上的取代基。引起寡糖链结构变化的基团有单糖组成和数目、单糖的连接顺序和位置、硫酸酯基链接位置和数目等。

不同种类的海参及不同产地的同种海参中，皂苷含量存有差异，含量较高的为革皮氏海参和梅花参，分别约占干重的 3.5% 和 2.5%。多种海参中都含有海参皂苷棘辐肛参苷 A 和棘辐肛参苷 B，在革皮氏海参体壁中含量颇丰，得率约占其干重的 2%，可作为海参皂苷的良好来源进一步研究与开发。

不同种类海参中都含有独特的皂苷组成及比例。中国最重要的养殖海参仿刺参中含有海参毒素 A、海参毒素 B、海参毒素 $A_1$、海参毒素 $B_1$ 等特征性皂苷化合物，据此特性可建立仿刺参皂苷 HPLC 指纹图谱。

◆ 理化性质

海参皂苷是一种无色或乳白色无定形粉末，熔点较高（200～350℃），旋光度多为左旋，于 210 纳米以上无吸收。海参皂苷可溶于水，易溶于热水、含水稀醇、热甲醇和热乙醇，不溶或难溶于丙酮、乙醚等极性较小的有机溶媒。海参皂苷水解成次级皂苷和苷元后水溶性降低。海参皂苷对黏膜有强烈刺激性，与胆固醇结合形成不溶性的分子复合物，此性质可用于海参皂苷的分离与精制，同时也是海参皂苷具有一系列生理药理活性的基础。

◆ **生物学功能**

复杂多样的化学结构赋予了海参皂苷丰富的生物活性。海参皂苷具有显著的溶血活性。因此，含有海参皂苷的静脉注射剂不能直接应用于临床。海参皂苷具有抗肿瘤生长和转移、抑制脂质蓄积、改善胰岛素抵抗、降低尿酸、改善代谢综合征等作用。另外，海参皂苷还具有提高免疫力、促进骨髓造血、促进骨生成、改善骨质疏松症、改善肠道菌群结构等功能。海参皂苷的生物活性与其结构密切相关，三萜皂苷的溶血作用强于甾体皂苷。

口服海参皂苷具有较好的安全性，将海参皂苷开发成功能食品具有广阔的应用前景。

# 水产医药品

水产医药品是指用水产动植物提取物制成的医疗用品和药物。水生生物的种类占全球生物种类的 80%，自古以来水产与陆生动植物就同为人类的两大药源。

人类利用水产动植物作为药材有悠久的历史。中国是最早研究和应用海洋药物的国家之一，已有 2000 多年的历史。中国最早的药学著作《神农本草经》和医学典籍《黄帝内经》中就已有"文蛤主恶疮""海藻主瘿瘤气""以乌贼骨做丸，饮以鲍鱼汁，治疗血枯"等的记载；16 世纪，明代《本草纲目》《本草纲目拾遗》中所列水产药材已达百余种。日本很早就知道从水产软体动物的浸出液（如章鱼的煮汁）中提取牛胆碱以治疗结核病、关节炎和夜尿症等疾病。欧洲利用角叉菜胶医治呼吸器官疾病。希腊和埃及采用盐渍鲇鱼的卤水沐浴或灌肠治疗坐骨神经痛和赤痢。20世纪60年代以来，许多沿海国家从水产动植物中提取抗生素、心血管药物、止血抗凝药物、抗癌药物等的研究取得了重要进展，水产药物成为药学研究的一个重要领域。

21世纪以来，对水产医药品的研究发展很快。就抗癌药物来说，已发现有相当多的水产动植物含有抗癌活性物质，并深入研究了其中的蛤素、沙群海葵毒素、海藻多糖、海参酸性黏多糖、海参皂苷、鲨鱼血清等水产动植物提取物的基本结构和抗癌作用机制。在抗生素方面，从水产动植物体提取的脂肪酸、萜烯类、溴化酚类、丙烯酸及含硫多糖化合物均具抗菌作用，如从牡蛎、蛤、鲍等体液中提取的"鲍灵"物质，具有抗菌和抗病毒作用。在心血管病变药物方面，从海带中提取的褐藻氨酸，从海星中分离出的海星皂苷，都具有治疗高血压的功效；从褐藻中提取的褐藻酸经降解和修饰后获得的藻酸双酯钠（PSS）在抗凝血、抗血栓、降血脂和改善心血管系统微循环等方面具有重要作用。鱼油中的多不饱和脂肪酸，特别是 $\omega$-3 高度不饱和脂肪酸具有降血脂和降胆固醇的作用，能防治脑血栓、心肌梗死和高血压症。在水产动植物中发现的重要激素除胰岛素外，还有从珊瑚中提取的前列腺素及其衍生物。此外，从水产动植物提取的天然活性物质被发现具有抗凝血、抗癌、抗氧化、抗炎症、降血脂、降血压、免疫调节、抗过敏、抗病毒、防治溃疡、保肾护肾、保湿和促进肌肤再生等作用。

从鱼体中可提取多种医药品。如从鱼肝中提取含有维生素 A、维生素 D 的鱼肝油已应用多年；从鱼肝油中进一步提取的鱼肝油酸钠，可用于治疗下肢静脉曲张、内痔、血管瘤，并有显著的止血功效。从鱼类和鲸的胰脏中提取的胰岛素已用于临床。从鱼精中提取鱼精蛋白，将其与胰岛素结合制成鱼精蛋白锌胰岛素，能延长胰岛素降血糖的药效。从鲨鱼等软骨鱼类软骨中提取的硫酸软骨素不仅在临床上能降低高血脂患者血清中的胆固醇、三酰甘油，减少冠心病的发病率和死亡率，还具有一定的抗凝血及溶血栓作用。从鱼鳞中提取的鸟嘌呤可制咖啡因，此外鱼鳞还可生产药用明胶。很多有毒鱼类分泌的毒素具有麻醉、镇痛、强心和松肌等功效，特别是从河鲀的卵巢、肝等内脏中提取的河鲀毒素临床上可用于缓解肌肉痉挛、晚期癌症止痛等。将食用价值低的鱼蛋白水解制成的蛋白胨作为培养细菌的氮源，是抗生素工业的重要材料。

除鱼类以外，虾蟹壳中所含的甲壳质可用作药物增效剂、伤口愈合剂及制造人工肾脏半透膜的原料，在工业上甲壳质经酸或酶法水解用于制备氨基葡萄糖。以鲨血制成的鲨试剂可用来检验内毒素。藻类在医药领域得到广泛应用的主要是褐藻和红藻，褐藻很久以来就作为中药用于防治甲状腺肿和高血压等。随着海藻加工工业的兴起，褐藻的综合利用产品碘、甘露醇和褐藻胶作为药品和医用材料得到了更为广泛的应用。红藻可提取琼胶和卡拉胶等，前者可用作细菌培养基、轻泻药和医用弹性模料，后者可医治呼吸器官疾病和溃疡病等。此外，海人草含有海人草酸，是一种应用历史悠久的驱蛔药；海马、海龙、海狗肾、龟板胶、石决明、珍珠粉和海螵蛸等也是传统中药。

# 鱼肝油

鱼肝油是由鱼类肝脏炼制的油脂。广义的鱼肝油也包括鲸、海豹等海兽的肝油。

鱼肝油在常温下呈黄色透明的液体状，稍有鱼腥味。因油中含有较丰富的维生素 A、D，故常用于防治夜盲症、角膜软化、佝偻病和骨软化症等，对呼吸道上层黏膜等表皮组织也有保护作用。北美洲的格陵兰人、因纽特人和北欧的拉普兰人很早以前就把鱼肝油作为药品使用，但直到 18 世纪中叶才在英国正式大规模试用于临

鱼肝油及鱼肝油胶囊

床。世界上生产最多的是鳕肝油，其次是鲨肝油。鱼肝油主要生产国为挪威、冰岛、法国和日本。

鱼肝油主要由不饱和度较高的脂肪酸甘油酯组成，除此之外还有少量的磷脂和不皂化物，维生素 A、D 主要存在于不皂化物中。鱼肝油是一种重要的营养补充物质，含有多种人体必需的脂肪酸，如 $\omega$-3 脂肪酸、二十碳五烯酸（EPA）和二十二碳六烯酸（DHA）等。$\omega$-3 脂肪酸在人体内可以衍生出二十碳五烯酸和二十二碳六烯酸。二十碳五烯酸和二十二碳六烯酸不但在视网膜和大脑的结构膜中起重要作用，而且还是二十四碳四烯酸代谢生成花生四烯酸（AA; ARA）的调节者，对婴幼儿视力和大脑发育、成人改善血液循环、预防心血管疾病、延缓衰老等有

重要意义。由于不同鱼类摄取饵料的种类和栖息环境不同，其鱼肝的含油率和油中的维生素效价差异很大。

鳕鱼、庸鲽、大菱鲆等海洋鱼类是国际上用于生产鱼肝油的传统原料。中国生产鱼肝油的原料主要来源于鲨、鳐、大黄鱼、鲐以及马面鲀。制造方法主要有：①蒸煮法。以蒸汽直接蒸煮切碎的鱼肝，经静置或离心分离后得澄清的油。此法大多用于含油较多的鱼肝和渔船上的肝油生产。②淡碱消化法。将切碎的鱼肝加水和氢氧化钠蒸煮，经离心机分离出肝油后再进行精制。③萃取法。将切碎的鱼肝以有机溶剂进行萃取，然后从萃取液中回收溶剂，即得肝油；或将切碎的鱼肝先经淡碱消化，再用效价低的鱼肝油或者植物油萃取，此法适用于含油少而维生素效价高的鱼肝原料。经上述几种方法制得的鱼肝油粗品还须在低温下使部分硬脂析出，经过滤而得清鱼肝油。

鱼肝油一直是药用维生素A、D的主要来源，可制成鱼肝油胶囊。20世纪40年代以后，随着维生素A、D人工合成的成功，其重要性有所下降。但鱼肝油不但含有维生素A、D，而且有着高度不饱和脂肪酸和角鲨烯、鲨肝醇等特殊药用成分，仍不失为一种有着较高利用价值的产品，如角鲨烯已成为以真正意义鱼肝油为原料制取的药物。《国家卫生计生委办公厅关于鱼肝油相关问题的复函》指出，鱼肝油是列入《中华人民共和国药典》的药品，在中国无传统食用习惯，不属于普通食品。但在多数国家和地区同时也被作为食品或膳食补充剂，如美国农业部食物营养数据库中就包括鳕鱼肝油，且归于鱼油类。

# 鱼精蛋白

鱼精蛋白是指从鱼类精巢提取的富含精氨酸的碱性蛋白质，又称精蛋白。

## ◆ 来源

鱼精蛋白由瑞士生物学家 J.F. 米歇尔（Johann F.Miescher，1844～1895）于1869年首次从鲑鱼精子中发现并命名，而后德国科学家提取了鲟鱼鱼精蛋白，阐述了它的性质，并提出把鱼精蛋白冠以所在的生物类属或鱼种进行命名的建议。

鱼精蛋白主要从鲑鱼、乌鳢、枪乌贼、鲤鱼等水产动物中提取，一般海水鱼类鱼精蛋白含量较淡水鱼类丰富。鱼精蛋白主要存在于鱼类的成熟精巢中，与 DNA 紧密地结合在一起，以核精蛋白的形式存在。

## ◆ 结构与类型

鱼精蛋白是一种多聚阳离子肽，呈球形，分子量较小，在0.5万～1万原子质量单位，结构较其他蛋白质简单，一般由30～50个氨基酸组成，其中2/3以上为精氨酸，谷氨酸和赖氨酸含量次之。虽然来源于不同鱼种的鱼精蛋白在氨基酸组成上有很大差异，但其共同特点是碱性氨基酸占有较大比重，所以鱼精蛋白碱性较强，等电点 pH 在10.0～13.0，并且鱼精蛋白为非两性分子。根据鱼精蛋白碱性氨基酸组成的种类不同，可分为3类：①单鱼精蛋白。即碱性氨基酸只有精氨酸一种，如鲑鱼、乌鳢、鲱鱼和虹鳟鱼精蛋白等。②双鱼精蛋白。即碱性氨基酸有精氨酸、组氨酸（或赖氨酸）两种，如鲤鱼精蛋白等。③三鱼精蛋白。即同时含有 3 种碱性氨基酸,如鲟鱼和鲢鱼鱼精蛋白。淡水鱼类鱼精蛋白的氨基酸组成种类一般比海水鱼类多,且含有组蛋白。有学者分析淡水鱼类的精子碱性蛋白质成分多为组蛋白型,而海水鱼类多为精蛋白型,这可能与精蛋白型的精子对高浓度盐的抵抗性较高有关。

◆ **物质性质**

鱼精蛋白能溶于水和稀酸,可被稀氨水沉淀;不易溶于丙酮、乙醇等有机溶剂。稳定性较好,加热不凝固。

◆ **提取制备工艺**

鱼精蛋白产量有限,提取方法一般采用酸提法。提取工艺如下:鱼类精巢→匀浆破细胞→离心分离→沉淀→硫酸溶液酸解→酸解液→95%预冷乙醇沉淀→冷冻离心分离(1 万 ×g)→丙酮洗涤→真空干燥→鱼精蛋白粗品→葡聚糖凝胶柱层析→鱼精蛋白纯品→纯度鉴定(SDS- 聚丙烯酰胺凝胶电泳法)。

◆ **功能作用**

脊椎动物精子发生过程中,在精子细胞形成的单倍体阶段后期,核内染色质与 DNA 结合的体细胞类型组蛋白逐步被精蛋白代替,形成高度浓缩的 DNA- 精蛋白复合体,使 DNA 处于稳定的不转录状态。因此,鱼精蛋白对精子形成、精子 DNA 的正确包裹和精子 DNA 稳定的维持起至关重要的作用。鱼精蛋白的重要特点之一是具有良好的、广谱抑菌活性,对革兰氏阳性菌、革兰氏阴性菌、霉菌、酵母菌等均有明显的抑制作用,并且能抑制枯草杆菌、巨大芽孢杆菌和地衣芽孢杆菌的生长。

研究表明，鱼精蛋白主要通过破坏细胞壁、溶解细胞膜、改变细胞渗透性引起细胞渗漏等作用机制来执行其抑菌活性。

基于鱼精蛋白具有强抑菌特性，已被广泛开发成天然防腐剂，应用于各类食品的保鲜防腐中。如，日本早在 20 世纪 80 年代已利用鱼精蛋白对饭团、马铃薯和乳油等食品进行保鲜防腐。在中国，鱼精蛋白被添加到新鲜的鱼糜制品、酱油、香肠等食品中替代化学防腐剂进行保鲜防腐。另外，鱼精蛋白在临床医学上也具有重要的作用，并且应用于制药行业已有多年。如鱼精蛋白硫酸盐是从鱼类精巢提取的体外循环心脏手术中唯一对抗肝素的药物，在临床上可用作抗凝血剂的解毒剂，能抵消肝素或人工合成抗凝血剂的抗凝作用；鱼精蛋白可与胰岛素结合，能够阻止或延缓胰岛素的释放，延长其降血糖效果；鱼精蛋白与激素或抗菌制剂复配时，可延长激素或抗菌制剂自身的药效，从而减少使用量。除此之外，鱼精蛋白还具有抗肿瘤、抗肥胖、缓解疲劳、增强肝功能、增强免疫力和新陈代谢等功效，并且对治疗男性不育症也有一定效果。

## 藻酸双酯钠

藻酸双酯钠是指在褐藻酸钠分子的羟基和羧基上分别引入磺酰基和丙二醇基所制得的双酯钠盐，是一种硫酸化多糖类化合物。

◆ **制备方法**

藻酸双酯钠制备以褐藻（如海带）提取物褐藻酸的钠盐为基本原料，首先经过降解得到低聚褐藻酸钠分子（相对分子质量一般为 1 万～ 2 万原子质量单位），再通过化学修饰的方法在低聚褐藻酸钠分子的羟基及羧基上分别引入磺酰基和丙二醇基所制得的双酯钠盐制品，以 β-D-（1，4）-甘露糖醛酸和 α-L-（1,4）-古罗糖醛酸（M/G 约 7∶3）为基本糖链骨架组成的聚阴离子化合物，具有肝素样的结构特征。

◆ **理化性质**

藻酸双酯钠是一种微黄色无定形粉末；无臭，味微甜；具吸湿性；易溶于水，不溶于乙醇、乙醚或丙酮。

◆ **价值**

藻酸双酯钠是中国第一个海洋多糖类药物，也是世界上第一个报道的防治心脑血管疾病的半合成海洋药物。藻酸双酯钠具有抗凝血、抗血栓、降血糖、降血脂、改善人体微循环功能、保护神经细胞、抑制大鼠肾小球系膜细胞增殖（治疗慢性增殖性肾小球疾病）、降低动脉粥样硬化患者血清超敏 C 蛋白水平（抑制脑梗死后的血管炎性反应）、协同酸性成纤维细胞生长因子发挥促进血管生成等优良药理活性。藻酸双酯钠在临床上应用比较广泛，主要用于心血管疾病、脑血管疾病、高血脂高血黏病、肾疾病、糖尿病及其并发症、皮肤病、高血压、肝炎、肺炎、痛风、不安腿综合征、突发性耳聋、系统性红斑狼疮、癌症等病症的预防和治疗。藻酸双酯钠也可作为临床联合用药，与其他药品联用治疗一系列临床疾病。

◆ **应用注意事项**

虽然藻酸双酯钠具有广谱的临床药用功效，但过量使用会引起一系列不良反应，如引起低血压、引起血小板减少导致皮下出血、引起谷丙转氨酶升高导致肝功能异常、引起胃肠蠕动增加导致腹痛和腹泻、刺激过敏体质患者的免疫系统使其产生抗原性导致过敏反应症状（如发热、口舌麻木、哮喘、喉头水肿、过敏性休克等）及类肝素样活性引起的阴茎异常勃起等。但经数年临床应用，发现其不良反应的发生率为 5% ～ 23%。另外，藻酸双酯钠在临床应用上应避免与呈酸性注射液混合或连续使用，原因是在酸性条件下藻酸双酯钠的褐藻酸多糖骨架会以白色絮状沉淀物析出，难溶于水，故应采用间隔注射的方法。磺酰基是藻酸双酯钠结构中重要的活性基团，可与其他药物结合形成复合物，改变藻酸双酯钠或其他药物的药理特性或引起其他毒理反应，在临床应用中也应注意。

# 水产化工制品

## 甘露醇

甘露醇是与山梨糖醇二号碳原子上羟基取向不同的同分异构体，又称 D- 甘露糖醇、己六醇、木蜜醇。

### ◆ 沿革

最早于 1806 年由法国化学家 J. 普鲁斯特从甘露密树中分离而出，故名甘露醇。1844 年，苏格兰化学家 J. 斯坦豪斯从褐藻中发现了甘露醇，是首次在海藻中发现的一种糖醇。1880 年，克罗地亚化学家 J. 杜马克首次解析了甘露醇的化学结构，测定了甘露醇中己烯双键的位置，并证实它是正己烯的衍生物。

◆ 理化特性

甘露醇的分子式为$C_6H_{14}O_6$，分子量为182.17。甘露醇为白色针状结晶；无臭，具有清凉甜味，甜度相当于蔗糖的57%～72%，与葡萄糖相近；熔点为166～170℃，沸点290～295℃，密度为1.52千克/米³，溶解度（水）为216克/升（25℃）。甘露醇溶解度随温度上升而增大，溶于甘油、吡啶、苯胺，微溶于乙醇、甲醇，溶于热乙醇，几乎不溶于大多数常见的有机溶剂（如醚、酮、烃类），易溶于水。

甘露醇化学性质比较稳定，不易被空气氧化，不易被微生物发酵，对稀酸、稀碱稳定，20%甘露醇水溶液pH为5.5～6.5。甘露醇具有多元醇的通性，是多元醇中唯一的非吸湿性晶体。甘露醇羟基具有较强的反应性能，可以发生酯化、醚化、缩合、氧化等反应。高温下甘露醇的碳链会发生断裂，生成乙二醇、丙二醇、赤藓醇以及其他多元醇。

◆ 制备

海藻表面的白霜即为甘露醇。20世纪60年代初期，中国沿海一带许多从事生产碘和海藻酸钠的海洋化工厂，从洗海带的废水中提取甘露醇。已知的甘露醇生产方法共有4种：海带提取法、糖类异构氢化法、电化学法、微生物发酵法。

**海带提取法**

将海带浸泡后，取浸泡液加碱调整pH，静置沉降，过滤得含碘和甘露醇的清液；清液经酸化氧化产生游离碘；经交换树脂吸附提取碘。之后，再经过浸泡—碱炼—酸化—浓缩—精制（过滤、结晶、脱色、脱氯）—醇洗—干燥等过程即可得到甘露醇。该法可得到单一的高纯度甘露醇，免去了与副产品山梨醇分离的工序，精制纯度高。但该法产品率低，精制工艺烦琐，生产成本高，原料来源受地区限制。

### 糖类异构氢化法

根据原料的来源不同可以分为蔗糖催化氢化法、果糖催化氢化法、葡萄糖异构氢化法，所有方法都是在一定条件下利用特殊方法将原料水解为葡萄糖或果糖，催化反应中1∶1的果糖和葡萄糖产生3∶7的甘露醇和山梨醇。葡萄糖在酸性条件下经异构化反应生成果糖和葡萄糖的混合糖浆（其中葡萄糖可重复进行差向异构化反应），经过加氢反应，葡萄糖转化为山梨醇，果糖转化为大致等量的山梨醇和甘露醇，将反应液过滤、脱色、精制浓缩、冷却结晶、离心分离，最后经干燥而得甘露醇产品。与海带提取法相比，该方法成本低，后提取精制容易，但该方法催化氢化的条件比较高，产物中甘露醇含量偏低。

### 电化学法

电解加氢，使葡萄糖在电解槽内电解成甘露醇。葡萄糖加热溶解，加硫酸钠溶解稀释，进行电解，中和后脱色蒸发，滤去硫酸铵，进行结晶，精制得甘露醇。电解法设备简单，反应条件温和，安全性高，导电介质硫酸钠可重复利用。

### 微生物发酵法

将鲁氏接合酵母（含甘露醇脱氢酶）在葡萄糖、蔗糖、果糖存在下发酵培养产生甘露醇。发酵法避免了复杂的分离过程，产物转化率高。

◆ 应用

甘露醇在医药上是良好的利尿剂，可降低颅内压、眼内压，可作为肾药、脱水药，还用作药片的赋形剂及固体、液体的稀释剂，以及用于醒酒药、口中清凉剂等口嚼片剂等。在食品工业中，甘露醇可作为低热值食品和低糖食品的甜味剂，还用作麦芽糖、口香糖、年糕等食品的防黏剂，以及用作一般糕点的防黏粉。在日化工业中，甘露醇用于塑料行业生产聚醚、聚氯乙烯增塑剂、光稳定剂和合成树脂的分散剂，也用于合成三松香酸酯、醇酸树脂、人造甘油树脂和纺织、纤维、烟草工业用助剂，在制造甘油树脂、炸药、雷管（硝化甘露醇）等方面也有广泛的应用，还用于化妆品行业等。

## 甲壳素

甲壳素是从海洋生物虾蟹等甲壳中提取的由 N- 乙酰 -2- 氨基 -2- 脱氧 -D- 葡萄糖以 β-1,4- 糖苷键连接而成的线性天然高分子直链多糖，又称甲壳质、几丁质、壳多糖、明角质、聚乙酰氨基葡糖等。甲壳素是自然界中仅次于纤维素的第二大再生资源，被称为动物纤维素。

甲壳素是虾、蟹外壳的主要有机成分。虾壳含甲壳素 15% ~ 30%，蟹壳含甲壳素 15% ~ 20%。甲壳素化学名称为 β-（1,4）-2- 乙酰氨基 -2- 脱氧 -D- 葡萄糖，分子式为（$C_8H_{13}NO_5$）$_n$，相对分子量分布为几十万到几百万不等。

◆ 沿革

1811 年，法国化学家 H. 布拉克诺用温热的稀碱溶液反复处理蘑菇，得到一些纤维状的白色残渣并称为真菌纤维素。1823年，法国化学家A. 奥迪尔从甲壳类昆虫的翅膀中分离出同样的物质，他认为此物质是一种新型的纤维素，并命名为Chitin。1843年，法国化学家A. 佩扬发现Chitin与纤维素的性质不大相同。同年，法国化学家J.L. 拉萨涅发现Chitin中含有氮元素，从而证明Chitin不是纤维素，而是一种新的具有纤维性质的化合物。1878年，德国科学家G. 莱德霍斯从Chitin的水解反应液中检出了氨基葡萄糖和乙酸。1939年，英国药理化学家A. 纽伯格和生化学家R. 皮特·里弗斯发现Chitin是由N-乙酰氨基葡萄糖缩聚而成的，或者说组成Chitin的单体是N-乙酰氨基葡萄糖。Chitin这个词是由希腊文衍变而来的，意即"被膜、铠甲"。Chitin译为中文，叫甲壳素。1948年，日本取得蟹壳生产脱乙酰甲壳质的技术专利，为甲壳质的工业性生产奠定了基础。中国在20世纪50年代对甲壳质的制备和应用进行了一定的研究，并从1958年起将壳聚糖代替涂料印花成膜剂阿克拉明应用于印染工业。

◆ 理化性质

甲壳素为类白色无定形粉末或半透明固体，无臭无味，不溶于水、稀酸、稀碱、醇和其他常用有机溶剂，溶于浓无机酸（盐酸、硫酸、硝酸）和无水甲酸。甲壳素在浓酸或浓碱中水解，脱去乙酰基，生成壳聚糖和壳聚糖乙酸（或乙酸盐），进一步降解可生成水溶性的壳寡糖。影响甲壳素和壳聚糖性质的主要因素有脱乙酰度、聚合度和纯度。脱乙酰度越高，分子链上的游离氨基越多，离子化强度越高，也就越易溶于水；聚合度越高，其溶液的黏度就越高；脱乙酰度越低，其溶液的黏度也越高。

◆ **结构**

甲壳素结构单元为甲壳二糖，基本组成单元为 N- 乙酰氨基葡萄糖。根据氢键类型的不同，甲壳素分为 α、β 和 γ 晶型。

◆ **制备**

甲壳素制备主要原料来源于水产加工厂废弃的虾壳和蟹壳，具体步骤如下：①原料预处理。首先将虾壳、蟹壳的肉质、污物等杂质去除，用水洗净，然后干燥。②酸浸。去除原料中无机盐，将预处理后的虾、蟹壳置于 4%～6% 稀盐酸中室温下浸泡 2 小时，然后过滤、水洗至中性。③消化。去除原料中蛋白质和脂肪，将酸浸后的虾、蟹壳置于 8%～10% 的氢氧化钠溶液中煮沸 2 小时，然后过滤、水洗至中性。④脱色。脱去色素及剩余有机物，有 3 种方法：日晒脱色，保持微酸湿润条件下，在阳光紫外线作用下用空气中的氧气进行漂白；采用高锰酸钾、亚硫酸氢钠等进行氯化脱色；也可采用有机溶剂如丙酮抽提除去色泽。⑤水洗、干燥。

◆ **应用**

甲壳素具有吸湿透气性、生物相容性、生物可降解性、无抗原性、无致炎性、无有害降解产物、吸附性、黏合性、抗菌性和安全性等，从而被广泛应用于食品、纺织工业、生物医学和日用环保等方面。

在食品工业中用作食品添加剂，作为增稠剂、黏结剂、乳化剂、稳定剂、澄清剂、絮凝剂、包装薄膜、胶囊原料等，应用于果汁、果酒、乳酸菌饮料，果酱、花生酱、芝麻酱等酱类，也用于冷冻食品及啤酒、植物油中。

在化学工业中作填料剂、吸附剂、絮凝剂、生化试剂、印染固色剂，以及化妆品、黏合剂中的有效成分等，如净化水的离子交换树脂；凝胶色谱柱的填充剂和分子筛；纺织品的防缩防皱处理，直接染料或硫化染料的固色、防霉杀菌除臭剂等。在美容行业中可用于保湿和修复受损细胞。

医药上可用于伤口的愈合，可做隐形眼镜、人工皮肤、缝合线、人工肾膜和人工血管、药物载体、免疫制剂、医用纤维纸、抗肿瘤剂等。

在材料工业中用作灰泥填料、膜材、光固化材料、涂料添加剂等。

在农业中作为生物农药具有广谱抗菌作用，作为保水剂可培植植物和培养微生物，还可作为饲料添加剂。

## 壳寡糖

壳寡糖是壳聚糖主链经物理、化学或酶降解断裂后得到的聚合度为 2 ～ 10 的低分子量碱性氨基寡糖。壳寡糖化学名为 β-(1,4)- 寡糖－葡萄糖胺。壳寡糖是自然界中唯一的碱性寡糖，又称壳聚寡糖、低聚壳聚糖、几丁寡糖。

壳寡糖分子量小于等于 3200 道尔顿。壳寡糖无热量、低甜度、无异味，具有优良的吸湿保湿性。壳寡糖不具有壳聚糖的高分子化合物性质，如成膜性、形成高黏度溶液等，但具良好的水溶性和低黏度，功能作用范围更广，易被人体吸收利用，生物活性更高，其功效是壳聚糖的数十倍。壳寡糖被机体吸收后可改善体内 pH 环境。壳寡糖分子中含有游离氨基和半缩醛羟基，在高浓度及高温条件下很容易发生缩合反应，生成希夫碱。壳寡糖溶液具有较强的还原性，在有氧化剂存在或暴露在空气中，会发生氧化反应。这两种反应均会使壳寡糖色泽加深。壳寡糖成盐后，会增强其稳定性。

壳寡糖制备方法有酸水解法、氧化降解法和糖基转移法等化学法，超声波、微波、电磁波辐射、射线照射、光降解法等物理法，以及甲壳素酶、壳聚糖酶、溶菌酶等酶降解法。

在食品行业中，壳寡糖可用作抗菌防腐剂、保水剂、絮凝剂、澄清剂、保鲜剂，制作减肥功能食品等；在日化领域中，可用作吸湿保湿剂；壳寡糖因具有药效和肥效而广泛应用于农业领域中；还可用作饲料添加剂。

## 壳聚糖

壳聚糖是甲壳素经浓碱溶液处理脱去 N- 乙酰基 55% 以上的产物，又称脱乙酰甲壳素、可溶性甲壳素、氨基多糖、几丁聚糖、甲壳胺等。

壳聚糖化学名为聚（1,4）-2- 氨基 -2- 脱氧 -β-D- 葡萄糖，是生物界中大量存在的唯一碱性多糖。1859 年，法国生理学家 C. 鲁热（Charles Marie Benjamin Rouget，1824 ～ 1904）在强碱溶液中处理甲壳素，清洗后发现产物可以溶解于有机酸。1894 年，德国生化学家 F. 霍佩－赛勒（Felix Hoppe-Seyler，1825 ～ 1895）确认此产品为脱乙酰甲壳素，并命名为壳聚糖。

### ◆ 理化性质

壳聚糖是白色无定形、半透明、略有珍珠光泽的固体，不溶于水和碱溶液，不溶于稀的硫酸、磷酸，可溶于稀的醋酸、盐酸、硝酸等无机酸和大多数有机酸，如能溶于 1% 乙酸或 1% 盐酸。在稀酸中，壳聚糖会缓慢水解，黏度逐渐降低。壳聚糖分子具有很好的吸附性、成膜性、通透性、成纤性、吸湿性和保湿性，而且无毒无害、安全性好、生物相容性好、易生物降解、无免疫原性，同时具有多种生物活性。

◆ 制备

将甲壳素置于 40%～60% 氢氧化钠溶液中在 100～180℃ 水解，然后过滤、水洗至中性、干燥得到壳聚糖。其脱乙酰化度可由反应程度控制，根据不同使用要求，脱乙酰化度为 60%～90%。

◆ 应用

在功能材料中，壳聚糖可作为反渗透膜等功能膜材料、催化剂、吸附剂、酶和细胞的固定化载体、液晶材料等；在医药卫生方面，壳聚糖可作为医用纤维和膜、组织工程材料、药物载体、眼科材料等；在食品工业中，壳聚糖可作为澄清剂、絮凝剂、食品添加剂、功能食品原料、可食薄膜、抑菌保鲜剂、提取剂、口香片、壳聚糖软糖等；在轻纺工业中，壳聚糖可用作织物的整理剂、上浆剂、印染助剂、造纸助剂、日用化学品、卷烟材料等；在农业中，壳聚糖可用作生物农药、种子处理剂、农药载体、液体土壤改良剂、饲料添加剂等。

# 第 2 章

# 水产品加工技术

## 水产品干制技术

水产品干制技术是指在自然条件或人工条件下，通过干燥脱除水产品组织中的水分，提高其可溶性物质的浓度，来降低水分活度而达到防止水产品腐败变质、延长保质期的工艺过程。

### ◆ 简史

干制是一种传统的水产品加工保藏方法，早在《齐民要术》中就已介绍了采用风干法制作鱼脯的技法，发展至今已经形成了许多干燥方法和装备，如天然干燥、热风干燥、远红外干燥、冷冻升华干燥、喷雾干燥、微波干燥等，这些干燥方法中都包含了热量传递和质量（水分）传递两个过程。

### ◆ 原理

在干制过程中，水产品从干燥介质吸收能量致使物料温度升高、物料表面的水分快速向空气中蒸发，而聚集在物料周围的水汽再由流经的干热空气带走或由真空泵等设备抽走，物料表面水分含量逐渐下降。因物料表面水分减少，形成了内层与表层的水分含量差（湿含差），内部水分不断向表面扩散，以维持表面水分的继续蒸发。水产品的干燥就是水分从内部扩散至表面,然后从表面蒸发到空气(干燥介质)中,再由干热空气带走的工艺过程,前者称为内部扩散,后者称为表面蒸发。干燥速率由表面蒸发速率和内部扩散速率两个因素决定,良好的干燥过程应该是内部扩散与表面蒸发的平衡过程。

水产品干燥过程特征可由干燥曲线、干燥速率曲线和物料温度曲线的变化反映出来。干燥速率指干燥过程单位时间内水产品物料蒸发的水分质量。

根据干燥速率,可将干燥过程分为快速干燥阶段、恒速干燥阶段和降速干燥阶段。快速干燥阶段,在干燥初期,主要表现为物料表面温度快速上升和水分蒸发。恒速干燥阶段,物料表面的水分蒸发量与内部水分向表面扩散量相等、蒸发速率保持恒定,主要表现为水分的蒸发,而物料表面温度不再上升。降速干燥阶段,当干燥到某一程度时,水产物料的肌纤维收缩、表层肌肉变硬,导致水分向表面的扩散以及从表面蒸发的速率下降,此阶段主要表现为水分蒸发减少,物料温度又开始上升并逐渐接近干燥介质温度。至降速干燥结束时,水产品物料中的水分已很难再蒸发,此时水产物料的含水量称为平衡含水量。干燥结束后,在保证质量的前提下,应将干燥好的水产品在室内放置一定时间,以便使物料冷却至室温、水分分布均匀。

◆ 类型

水产品干制技术可分为天然干燥和人工干燥两大类。天然干燥则又可分为晒干和风干。人工干燥可依据干燥介质温度、热源、物料状态以及环境压强的不同,分为热风干燥、远红外干燥、冷冻升华干燥、喷雾干燥、微波干燥。干燥方法的不同，其传热和传质机制和速率存在差异，其适用对象和干燥质量也会不同。在实际生产中，可根据生产需要，选择不同的干燥方法或两种以上干燥方法组合。

◆ **影响因素**

水产品干制的影响因素主要有水产品的组成和结构、水产品的形状和表面积、干燥介质状态（湿度、温度、压力、流速）。水产品的组成和结构决定了干燥过程中内部扩散速率，而干燥条件（水产品的形状、表面积和干燥介质的湿度、温度、压力、流速）决定了表面蒸发速率。恒速干燥主要受表面蒸发制约，保持表面蒸发速率与内部扩散速率的平衡，可延长恒速干燥时间，有利于水产品的脱水干燥、降低水产品的平衡含水量。而在干燥后期，干燥抑制因素为内部扩散，物料温度不断上升、表面水分接近平衡水分。假如强行急速干燥，则会造成表面蒸发速率大于内部扩散速率，物料内部水分来不及扩散至物料表面，从而导致蒸发层内移而出现壳化现象，内部水分则难以通过表面蒸发出来，致使内部含水量仍然较高（平衡含水量高）而使产品不易久藏。因此，在干燥过程中，需要根据物料状态，调节干燥介质（空气）的温度和湿度，以保证干燥过程顺利进行并获得良好的干燥质量。

## 热风干燥

热风干燥是指以热空气为干燥介质，采用强制对流循环方式与干燥室内的物料进行湿热交换，促使物料中水分蒸发并去除表面水蒸气的干燥方法。

热风干燥是最早用于食品干制加工的干燥方法，已形成了循环热风干燥、流化床干燥、热泵干燥和微波热风干燥等技术。中国在 20 世纪 80 年代开始将热风干燥用于水产品干制加工中，已成为干制水产品加工的主要干燥方法。热风干燥速率受物料化学组成、组织结构、物料厚度以及干燥介质温度、相对湿度、流速等影响。

根据干燥装置结构和工况，可分为循环热风干燥、流化床干燥等。

### ◆ 循环热风干燥

循环热风干燥装置主要由空气加热器、风机、干燥室和干燥架等组成。由蒸汽或燃气经热交换器加热空气，通过风机送入干燥室使物料干燥。循环热风干燥是加工干制水产品最常见的干燥方法。水产品的热风干燥温度一般控制在 40 ～ 60℃，为节约能源，热空气在经过温度、湿度调节后可循环使用。干燥器有箱式和隧道式。采用隧道式干燥器时，先将湿的水产品平摊在网片上，再将网片一层一层插入干燥架（推车）上，然后将干燥架顺次推入烘道内进行干燥。特点是可大规模、连续化生产，干燥速度快、产品质量易于控制。

### ◆ 流化床干燥

流化床干燥是一种卧式的沸腾床干燥。流化床干燥设备有多种结构形式，如单层流化床干燥机、多层流化床干燥机、振动流化床干燥机等。湿物料自进料口进入振动床干燥机内，在振动力作用下，物料向前做抛掷连续运动，热风穿过布风板再向上穿过湿物料，在激振力与热气流的双重作用下，物料呈悬浮流化状态，湿物料与热风进行强烈的传热与传质，湿空气经旋风分离器除尘后由排风口排出，干燥物料由排料口排出。

颗粒状水产品物料的干燥、冷却等作业常使用振动流化床干燥机。

## 微波干燥

微波干燥是指将物料置于谐振腔内,利用其中水分、蛋白质、脂肪、核酸等极性分子在高频电场下快速改变分子的正、负电荷位置,产生运动摩擦而使物料快速升温、水分蒸发,从而实现物料干燥的加工方法。

微波干燥于 20 世纪 40 年代末开始用于食品工业,1965 年制成第一台 915 兆赫兹的隧道式微波干燥并投入实际应用。中国从 20 世纪 70 年代开始将微波技术用于食品工业,进一步开发出微波热风干燥、微波真空干燥、微波真空冷冻干燥等复合干燥方法。

物料对微波能的吸收受微波频率、强度、物料的介电常数和介电损耗因子等影响。当微波频率和强度一定时,物料对微波能的吸收主要取决于物料的介电常数、介电损耗因子。在食品中水分了的介电常数、介电损耗因子较大,水分子能强烈吸收微波能而易于蒸发。微波干燥在水产品加热、干燥中使用的微波频率通常为 915 兆赫兹和 2450 兆赫兹。

微波干燥系统通常由磁控管、波导管、微波干燥隧道、输送带、加热器、风机和电控系统等构成。磁控管产生的微波经波导管进入微波干燥隧道,形成微波场干燥区,而要干燥的水产物料从进料口喂入,由输送带送入微波干燥区,同时将热空气从输送带的下部向上吹送,将水产品物料中蒸发出来的水汽带走并从干燥隧道顶部排出,两端的吸收装置防止微波外泄。为防止连续生产中磁控管过热,通常需要安装冷却系统。

在干燥中，微波与水产物料直接作用产生谐振，可使物料内外同时加热。微波干燥具有加热速度快、干燥时间短、可控精度高和能源利用率高等特点，同时兼有灭酶和杀虫、杀菌作用。微波干燥产品的品质较高、储藏稳定性好；其缺点是微波能易在物料的边角产生集聚导致局部过热而出现变色或焦化，在实际生产中需注意物料形状和大小均匀性。

## 天然干燥

天然干燥是利用太阳辐射热和自然风力对物料进行干燥的一种方法，又称自然干燥。天然干燥是水产品常用的一种干燥方法。

天然干燥可分为晒干和风干。以水产品干燥为例，晒干是将水产品直接放置在阳光直射和通风良好环境下，同时利用太阳辐射能升温和自然风力对流进行干燥的方法，其干燥速度较快，但因阳光（紫外线）直射，易引起水产品中脂肪和蛋白质氧化。风干则是将水产品置于无太阳直射环境下，主要利用自然风力对流进行干燥的方法，其制品质量较好，但干燥时间较长。无论是晒干还是风干，都需要在空气温度和相对湿度较低的环境中进行，否则会导致水产品腐败变质。

天然干燥具有设备简单、操作简便、节约能耗、投资少、成本低、可因地制宜等特点，但天然干燥易受气候条件的限制，存在多种不可控因素（空气温度、风速和相对湿度等），且易受灰尘、杂质、蚊蝇等污染，难以获得高品质的产品，成品的质量稳定性、卫生安全性较低。

## 喷雾干燥

喷雾干燥是指采用雾化器将料液分散为雾滴，并用高温热空气干燥雾滴而完成脱水的除湿方法。

自19世纪70年代初发展以来，喷雾干燥已被广泛用于食品和医药等领域。在水产品加工方面，被广泛用于水产蛋白肽、多糖、微胶囊鱼油等产品生产。

喷雾干燥器主要由雾化器、干燥塔、风网系统等部分组成，料液经雾化器形成雾滴送入干燥塔，空气经过滤和加热后作为干燥介质泵入干燥塔，高温热空气与雾滴接触，迅速将雾滴中的水分带走，物料变成小颗粒下降至干燥塔底部并从塔底排出，废气

**喷雾干燥器**

则用风机从塔内抽出、排入大气，整个干燥过程连续进行。

喷雾干燥主要包括料液雾化为雾滴、雾滴与高温热空气混合和流动、雾滴干燥（水分蒸发）、干燥产品与湿空气的分离等4个过程。

料液浓度、雾化器种类、雾滴直径大小、进风温度、风速及出风温度是影响喷雾干燥产品质量的重要因素。在干燥过程中，进风温度一般要高于150℃，如果进风温度过低，容积给热系数低，则会降低干燥效率。在喷雾干燥过程中，料液以微小雾滴完成干燥，雾滴表面积大有利于传热和传质，干燥时间短（在30秒内），即物料与高温热空气接触时间短，

且颗粒温度不会超过周围空气的湿球温度。由于干燥迅速、最终产品的温度较低，特别适合热敏性物料的干燥。

## 冷冻升华干燥

冷冻升华干燥是先将物料冷冻至水的冰点以下，并置于高真空（操作压力 10～40 帕）的容器中，通过供热使物料中的水分直接从固态冰升华为水汽，再经真空泵排出干燥室而使物料干燥的方法，又称真空冷冻干燥。

冷冻升华干燥出现在 1811 年前后。1930 年，弗洛斯道夫率先开展了冷冻升华干燥食品的试验。1935 年，开发出第一台商业冻干机。截至 2017 年底，冷冻升华干燥已被广泛应用于生化制品和食品生产。在水产品加工方面，已广泛用于贝类、海参等干制加工。

冷冻升华干燥装置一般由冻结器、干燥箱、水汽凝结器、加热器、真空泵等组成。冷冻升华干燥一般要经历预冻结和干燥过程，而干燥过程又包括升华（初步干燥）和解吸（二次干燥）两个阶段。升华是冷冻干燥的主体部分。在升华阶段，需要注意干燥室绝对压力、热量供给和物料温度 3 个关键条件。在升华阶段，真空室内的绝对压力应保持低于物料内冰晶体的饱和蒸气压，以保证物料内的水蒸气向外扩散，而供热速率应当使冰以足够的速率升华、同时又不使物料的温度升高到熔点，即物料温度应控制在开始融化温度和允许融化温度之间。当冰晶体全部升华后，此时物料仍有 5% 以上的结合水，需要进行二次干燥将物料含水量降至能在室温下长期贮藏的水平。影响二次干燥速度和时间的因素主要是温度和绝对压力，允许的最高干燥温度一般控制在 38 ～ 65℃，解吸阶段所需的绝对压力低于升华压力，特殊情况下达 13.3 ～ 27 帕。

就水产品而言，冷冻升华干燥时，由于物料始终处于低压和低温环境，可有效保持水产品原有的营养成分、风味和色泽，能较好地保持物料原有形态和体积，制品易复水而恢复原有性质和状态。但冷冻升华干燥的设备投资大、生产费用高，通常用于高品质、高价值水产品的干制加工中。由于冷冻干燥制品的结构比较疏松、含水量较低，而易破碎和吸收外界水汽，在包装、贮藏中要防止挤压和吸潮。

## 远红外干燥

远红外干燥是指利用红外发生器产生的远红外线（波长在 2.5 ～ 1000 微米）作为热源，直接辐射到物料上，物料吸收热辐射后温度快速升高、引起水分蒸发而获得干燥的方法。

远红外干燥在 20 世纪 30 年代首次被福特公司用于汽车油漆固化，随后被广泛用于食品的加热和烘烤。中国于 20 世纪 70 年代开始将远红外干燥用于烤鱼片、烤紫菜的干制加工；90 年代将真空与远红外干燥相结合，显著提高了干制产品的品质。

红外发生器有金属加热管、碳化硅电热管、煤气红外辐射管等类型，可发射出不同波长范围和密度的红外线，工业上又常将其分为近红外线（λ= 0.72 ～ 2.5 微米）和远红外线。在水产品干燥中通常采用远红外干燥技术。水产品中含丰富的水分、蛋白质、碳水化合物、脂肪等成分，其 O—H、C—H、C≡O、O—H 键的伸缩振动、转角振动的固有频率多集中在 2.5 ～ 20 微米波长对应范围，即水产品对波长在 2.5 ～ 20 微米的远红外线热辐射有较高的吸收率。

远红外干燥由于远红外线辐射热直接在空气中传播、辐射到物料表面，不存在传热界面，具有传热效率高、干燥速率快、加热时间短、干制品质较好等特点，且远红外干燥设备的结构比较简单、投资少、生产成本较低，已广泛用于水产品的干燥。但该干燥方法直接将远红外线辐射到水产品表面，物料表面受热温度较高、易引起水产品变色和蛋白质变性，在实际生产中要注意控制干燥温度和干燥时间。

# 水产品熏制技术

一般利用阔叶树类的木材和木屑在不完全燃烧时发生的醇、醛、酮、酚、酸类等脂肪族和芳香族化合物成分，凝结、沉积在被熏水产品的表面上并渗入肉内，使熏制品获得一定的保藏性能及特有风味和色泽的方法称为水产品熏制技术。水产品熏制技术是传统的水产品加工技术之一。

## ◆ 类型

不同烟熏方法，水产品的质量和耐贮藏性有很大的差别。烟熏的方法有热熏法、温熏法、冷熏法、电熏法和液熏法。

### 热熏法

热熏法是古老的食品贮藏和加工方法，起源于史前时期。古籍中记载的"炮""燔""炙"，即是采用烧烤进行热熏的方法。烟熏肉制品作为中国传统食品，多出现在湖北、四川、湖南、贵州和云南等地。

**温熏法**

在中国湖南、贵州、云南等地农村流行的熏鱼、熏肉的方法就是一种温熏法。温熏法主要以产生独特的风味和储藏为目的。与热熏法相比，温熏法有利于提高产品的贮藏期。但是传统熏制的食品通常都含有以 3,4- 苯并 [a] 芘为代表的多环芳烃类致癌物质。这种传统的烟熏方法不仅会造成熏制食品产生有毒有害物质，且产品熏制需时长，也会造成生产成本高、不能连续化的生产等问题。

**冷熏法**

冷熏法是在热熏法和温熏法的基础上发展起来的一种熏制方法。与热熏法、温熏法相比，冷熏法生产的烟熏品贮藏性更好，且产生的对人体有害的化学物质含量更低，更符合当前食品安全的需要。研究表明，采用空气循环式烟熏装置时，热熏法熏制的食品中多环芳香族化合物含量为 30 克 /100 克，而冷熏法仅为 6 ～ 7 微克 /100 克。

**电熏法**

电熏法是将导线装设于烟熏室中，施以 1 万～ 2 万伏高电压，以产生电晕放申进行熏制的一种方法。电熏法与在同样温度下进行的温熏法相比，可以节省 1/2 的时间，成品的贮藏性也好。

**液熏法**

随着食品生产的工业化发展，食品的烟熏技术也得到了很大提高，促进了自动化生产液体烟熏香味料这一技术的出现。日本在 1932 年开始研究烟熏液，1935 年 10 月液体熏液在市场上公开出售。欧美国家于

19世纪50年代开始研究烟熏液的制备工艺。中国相对于其他国家烟熏液的发展起步比较晚,1984年华东理工大学周洪仁等人采用干馏方法替代焖烧法,由山楂核裂解制得山楂核烟熏香味料由上海鱼品厂率先以马面鱼为原料,用山楂核烟熏香味料制作熏味鱼肉香肠获得成功。随后,液熏技术得到快速发展,水产食品加工业中已在鱼类等方面进行了广泛应用,产品主要有熏制鲱、鲑、鳕、鲐、鳟、三文鱼、金枪鱼等。

◆ 加工过程

熏制技术的基本加工过程为:原料经预处理后腌制,经除盐、清洗、晾干后放入烟熏室进行烟熏,烟熏后经后处理即得成品。各种产品生产工艺及关键大致相同,但根据原料的性质和产品的不同,要生产优质的产品,就要充分考虑各种因素和生产条件。影响烟熏制品质量好坏的因素很多,主要包括:①原料。新鲜度、大小、厚度、营养成分(特别是原料脂肪含量高低对产品质量影响有较大影响)、是否带皮。②前处理。盐渍温度、时间、盐渍液的组成。③脱盐程度。温度、时间、干燥时间。④烟熏条件。烟熏温度、时间、烟熏量和加热程度。⑤熏材。种类、含水量、燃烧温度。⑥熏室。大小、形状、排气量等。⑦后处理。加热、冷却、卫生状况等。此外,还有许多因素与制品质量有关,例如加热温度和制品水分的关系。加热温度和制品重量及加热空气的方向和烟熏食品重量的关系,加热程度和制品pH的关系等。

水产品熏制技术作为传统的食品加工方法,在中国以传统的木材发烟熏制为主,特别是在中国湖南、贵州、云南等省的农村地区,但直接木材发烟引起的危害正越来越受到人们的关注。在德国、荷兰等国为保持烟熏食品的传统风味，大多仍采用木材发烟以生产传统烟熏水产品，如烟熏鲱鱼、鳗鱼等。除传统的木材烟熏方法不断改进以保持其风味，提高产品质量安全的同时，液熏技术以其产品质量安全可靠、能够实现工业化生产等优势，在生产实际中正得到越来越广泛的应用。

# 冷　熏

冷熏是将水产原料经预处理、盐腌，再经 $15 \sim 30℃$，平均 $25℃$ 连续长时间（$1 \sim 3$ 周）熏干的一种熏制方法。

冷熏法加工的产品风味独特，但加工周期长。冷熏法主要用于三文鱼、火腿等高档烟熏产品的加工生产。生产工艺流程为：原料—预处理（去头、内脏、鳞等）—盐渍（干腌、湿腌、混合腌）—脱盐—干燥（沥干、风干）—烟熏（自然发烟、喷雾液熏）—包装—成品。

以冷熏生产鲟鱼片为例，其主要生产要点在于：将清洗干净的鲟鱼片放入 $10\% \sim 15\%$ 的盐水中腌渍 $30 \sim 60$ 分钟；腌渍后的鱼片用 $4 \sim 10℃$ 的流水将鱼片表面的盐脱除；将鱼片放入烟熏炉内采用风机干燥 $20 \sim 40$ 分钟；鱼片在烟熏炉中采用自然发烟或喷雾发烟在 $20 \sim 30℃$ 进行烟熏 $20 \sim 40$ 分钟；将熏制后的鱼片冷却至 $4℃$ 左右，装入复合薄膜蒸煮袋或铝箔复合袋抽真空包装。

冷熏法生产的产品贮藏性好，

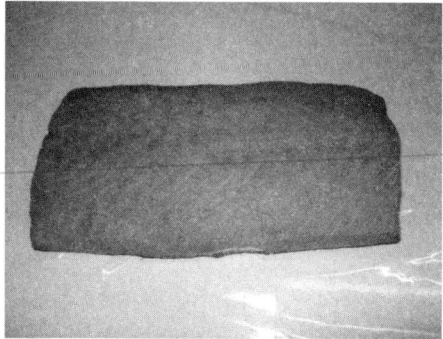

**冷熏鲟鱼片**

可以保藏 1 个月以上，但风味不及温熏制品。由于熏制温度较低（25℃ 左右），因此要求室外的气温应在 16 ～ 17℃ 以下，在夏季气温高的情况下难以生产。这样的熏制温度对微生物无热杀菌效果，熏制时间又长，为防止熏制初期的变质，原料鱼须经高浓度盐腌渍后立即脱盐处理，使原料容易干燥，脱盐的程度掌握在使最终产品的盐分含量为 8% ～ 10%，制品水分含量约 40%。水产品中常用于冷熏的原料有鲑鳟类、鲱、鳕、鲐等。

与热熏法、温熏法相比，冷熏法生产的烟熏品贮藏性更好，且产生的对人体有害的化学物质含量更低，更符合当前食品安全的需要。

## 液　熏

液熏是指将木粒、木材和木屑等的可控燃烧而产生烟熏液，用水进行冷凝，通过沉积作用去除焦油和灰分等成分，只留下多酚类化合物，有机酸、羰基化合物等对色泽和风味所必需的重要物质，产生与木材烟熏一样的色泽和风味特点，然后用熏液进行熏制的一种方法。

**液熏罗非鱼片**

食品工业的发展促进了液熏技术的出现。日本在 1932 年开始研究烟熏液，1935 年 10 月液体熏液在市场上公开出售。欧美国家于 19 世纪 50 年代开始研究烟熏液的制备工艺。中国相对于其他国家烟熏液的发展起步比较晚，1984 年华东理工大学周洪仁等人研制成功山楂核烟熏液，并在上海鱼品厂以马面鱼为原料,采用液熏方法制作烟熏鱼肉香肠。随后,液熏技术得到快速发展,水产食品加工中已在鱼类等方面得到了广泛应用。

液熏的方法主要有喷雾/淋洒法、浸渍法、置入法、注射法等。①喷雾/淋洒法。将烟熏液以一定的流量通过雾化系统喷出,形成雾状小液滴,在气流和重力的作用下,均匀地喷雾或淋洒在鱼片、鱼块表面的一种熏制方法。②浸渍法。将烟熏液与其他香料配成香料浸渍液,然后将处理好的鱼片、鱼块等浸入其中,经过一定时间浸渍后,再按工艺制成成品。③置入法。将烟熏液注入已装罐的罐内,然后按工艺封口杀菌,通过热杀菌能使烟熏液自行分布均匀,此法对于罐头食品烟熏风味是最适宜的,但对于罐头内固形物的色泽、质地等,仍要按罐头食品工艺进行生产,以保证产品品质。④注射法。将烟熏液用注射器均匀注入大块鱼肉中,边注射边滚揉,使烟熏液分布均匀,当把烟熏液注射完以后,再按工艺制成成品。

液熏法的优点在于烟熏液去除多环芳烃类等有毒有害成分,熏制出的产品色香味好,安全可靠;能够实现工业化连续生产,产品质量稳定。因此,液熏技术以其显著的优越性,逐渐成为一种重要的水产品加工技术而得到越来越广泛的应用。

## 温 熏

温熏是将原料置于添加有食盐的调味液中,进行短时间调味浸渍,然后在烟熏室中用 50～90℃ 温度进行 2～12 小时的较短时间烟熏干燥的一种熏制方法。

温熏是在热熏基础上发展起来的熏制方法，一般是生产以调味目的为主、贮藏目的为次的产品。根据不同原料特性和产品特性要求而在实际生产中进行采用，现在主要用于熏制原料脂肪含量高，采用高温熏制脂肪易熔化的原料，如鳗鱼、鲱鱼等。

温熏主要生产工序包括原料预处理、调味液浸渍、沥水干燥、熏干、降温冷却、包装等。适合于温熏的水产品原料有鳟鲑鱼类、鲐、鲹、秋刀鱼、鳕、鳗鲡等。

以温熏生产鳗鱼产品为例，主要加工要点有：原料经开腹、除去内脏后，清洗干净，用食用盐与水（含味精、糖、料酒等调味料）的重量百分比是 20% ～ 40% 调味腌渍 50 ～ 120 分钟，取出沥水；采用梯度升温方式以自然发烟或喷雾烟熏的方式进行温熏，即在 45 ～ 50℃ 的熏制 40 ～ 60 分钟，在 60 ～ 65℃ 的熏制 20 ～ 40 分钟，在 70 ～ 75℃ 的熏制 30 ～ 60 分钟；熏制结束后，将熏制后的鳗鱼冷却，直至鳗鱼体内中心的温度为 3 ～ 5℃；冷却后的鳗鱼装入复合薄膜蒸煮袋或铝箔复合袋内，抽真空包装后进行冷藏或冻藏。

鱼类的温熏，熏制时一般先开片（背开或腹开）再熏制，也可整条鱼熏制。温熏法生产的制品，水分含量较高，在 45% ～ 65%，食盐含量为 2.5% ～ 3.0%，因而不耐贮藏，一般为 4 ～ 5 天，但温熏制品的味道、香味及口感都较好，长时间保藏必须冷冻或罐藏。

温熏法熏干温度高，常年均可生产熏制品。随着熏制技术的发展，温熏将提供越来越丰富的符合现代消费者口味的熏制水产品。

# 热　熏

热熏是采用 120 ～ 140℃ 高温 2 ～ 4 小时烟熏处理，使水产品原料经过热处理熟化和杀菌处理得到可立即食用产品的一种熏制方法。

热熏是一种古老的食品贮藏和加工方法，起源于史前时期。古籍中记载的"炮""燔""炙"，即是采用烧烤进行热熏的方法。热熏草鱼、青鱼等淡水鱼是中国湖南、湖北、云南、四川、贵州等省份的传统熏制食品。

热熏的主要生产工序包括原料预处理、盐渍、调味、干燥、烟熏、熟制、冷却、包装等。适合于热熏的水产品原料主要有草鱼、青鱼、虹鳟、鲱鱼、牡蛎、贻贝等。

以热熏鲟鱼块为例，其主要加工要点有：鲟鱼去内脏、去头，切成大小一致的块状，清洗干净；按原料与水 1：（0.5 ～ 1）的比例（即 1 千克原料中加入 0.5 ～ 1 千克水），加 4% ～ 8% 的盐（按原料总

**热熏鲟鱼块**

质量），腌制期间温度控制在 0 ～ 4℃ 腌制 6 ～ 8 小时；沥干或风干鱼片表面水分，沥干时间一般在 2 ～ 4 小时，温度控制在 15℃ 以内；将鱼块放入烟熏炉架，采用木屑发烟，炉内温度控制在 55 ～ 65℃，熏制 1 ～ 2 小时，在熏制后期，升温至 120 ～ 140℃ 在熏室内熏制 20 ～ 30 分钟熟化；熏制出炉后冷却降温，温度在 0 ～ 4℃，时间 2 ～ 4 小时；

将冷却后的产品进行抽真空包装后贮藏。

由于水产品原料的水分含量很高，致使烟熏困难。因此，热熏前原料必须先进行风干，除去原料表面的水分，使烟熏容易进行。烟熏过程中加热和干燥对发生美拉德反应起着促进作用，因此热熏产品的色泽明显好于冷熏；但是热熏时由于温度过高，肌肉蛋白质会产生热变性，脂肪熔化，使产品品质发生改变，所以热熏时间短。另外，随着炉温的升高，被烟熏的肉制品表面迅速干燥，表面过早干结，反而会阻碍对烟雾的吸收。因此，热熏开始时用低温烟熏，然后逐渐升高到设定温度。如果刚开始就用高温烟熏，会使产品周围因高温加热表面产生硬膜，熏烟难以渗透到内部，仅表面发色，发生"烟熏环"现象。

热熏产品色泽和香味好，是一种可以为消费者提供独特风味的传统食品加工方法，但其水分含较高，保藏性能差，必须立即食用或冷冻保藏。

# 第 **3** 章
# 水产品保藏

水产品保藏是指为防止水产品腐败变质，使其能长期保存所采取的处理措施。

## ◆ 沿革

随着人类社会的发展，不断有新方法应用于水产品保藏，其中烟熏和加热保藏法历史最为悠久，可追溯到人类开始用火的时代。干制法也是人们较早掌握的水产品保藏方法之一。中国至秦汉时期，已有史书记载人们将水产品置于地窖储存，这被认为是低温贮藏的开端。随着1821 年法国科学家发现空气对苹果成熟的作用后，气调保藏也被成功应用于水产品。至 20 世纪 50 ～ 60 年代，水产品保藏得到了较快的发展，微波加热技术、辐照技术、化学保藏技术，以及现代意义上的腌制技术均在这一时期得到了发展与应用。此后，人们不断对上述技术不断改进完善，将其与现代科学发展相结合，最终形成了今天较为完备的水产品保藏体系。

## ◆ 方法

水产品捕捞后，如不立即采取有效保藏措施，会发生一系列生物化学变化，出现僵硬、自溶和腐败现象，导致水产品鲜度迅速下降，甚至腐败变质。水产品保藏主要包含水产品保鲜、水产品保活及水产品冷链物流。其中，水产品保藏方法主要包括低温保藏法、干制保藏法、腌制保藏法、加热保藏法、罐藏法、烟熏保藏法、化学保藏法、气调保藏法和辐射保藏法。

**低温保藏法**

水产品置于低温环境时，微生物的生长和酶的作用受到抑制，从而达到延长水产品保藏期限的目的。低温保藏法根据保藏温度的不同可分为冷却、微冻和冷冻保鲜 3 类。冷却保鲜主要有撒冰法和水冰法两种。撒冰法是将碎冰直接撒到鱼体表面的保鲜方法；融冰水又可清洗鱼体表面，除去细菌和黏液，且失重小。水冰法是先用冰将清水降低至 0°C，冷海水为 -1°C，然后将鱼类浸泡在冰水中，待鱼体冷却到 0°C 时即取出，改用撒冰保藏，此法一般应用于死后僵硬快或捕获量人的鱼，优点为冷却速度快。微冻保鲜主要有冰盐混合微冻法和低温盐水微冻法，应用于生产的尚不多。产品要长期贮藏，就必须经过冻结处理。冻结方法很多，主要有空气冻结法、盐水浸渍冻结法、平板冻结法和单体冻结法。在中国，绝大多数采用空气冻结法。另外，平板冻结法发展较快，冻结间的温度在 -25°C 以下，当鱼体中心温度降至 -15°C 后，移入库温为 -18°C 以下储藏，保藏时间为 6 ～ 9 个月。

**干制保藏法**

在天然条件和人为控制条件下,尽可能地除去水产品原料中的水分，或除去一定的水分再加以添加物，以防止细菌性的腐败，增强保藏性能的一个完整的生产过程。干制保藏法既包括日干、风干等自然干燥法,也包括热风、冷风、冷冻、辐射等人工干燥方法。自然干燥不但方法和设备简单、操作和管理简便、生产成本低，还具有可及时大量地加工处理鱼货等特点，而且经适当的自然分解作用，还能使制品具有独特的风味。但自然干燥也存在着明显的缺点，即难以控制水产品制品的质量。例如，在干燥过程中会受到灰尘、杂质、昆虫等污染，尤其在阴雨季节，由于受到气候条件的限制而无法干制，致使原料腐败变质造成浪费。人工干燥是在室内进行的，它依靠一定的技术设备，人工控制干燥介质的湿度、气流速度，在短时间内对物料进行干燥，不受气候变化的影响，因而保证了水产品制品的质量，提高了水产品得出率。

**腌制保藏法**

腌制保藏法是指让食盐渗入水产品组织内，降低其水分活度，提高其渗透压，从而抑制水产品腐败菌生长的贮藏方法。在加食盐腌制过程中，由于食盐溶液的渗透脱水作用，使水产品的含水量降低，抑制了细菌的生长发育和酶的活性，从而延缓水产品的腐败，达到加工保藏的目的。腌制方法主要包括干腌法、湿腌法和混合腌渍法。

干腌法

干腌法是一种在鱼品表面直接撒上适量的固体食盐进行腌制的方法。体表擦盐后，层堆在腌制架上或层装在腌制容器内，各层之间还应均匀地撒上食盐，在外加压或不加压条件下，依靠外渗汁液形成盐液（即卤水），腌制剂在卤水内通过扩散作用向鱼品内部渗透，比较均匀地分布于鱼品内。但因盐水形成是靠组织液缓慢渗出，开始时盐分向鱼品内部渗透较慢，因此腌制时间较长。

### 湿腌法

湿腌法是将鱼体浸入食盐水中进行腌制的一种方法。湿腌法通常在坛、桶等容器中加入规定浓度的食盐水，并将鱼体放入浸腌。

### 混合腌渍法

混合腌渍法是一种干腌和湿腌相结合的腌制法。采用这种方法，食盐的渗透均一，盐腌初期不会发生鱼体的腐败，能很好地抑制脂肪氧化，制品的外观较好。

### 加热保藏法

加热保藏法是利用煮熟、蒸煮、焙烘等方法进行加热，杀死水产品中的微生物和破坏本身固有酶的活性，从而达到防止水产品变质的一种保藏方法。同时，加热保藏法还必须结合其他方法（密封包装等）才能延长水产品及其制品的保藏时间。

### 罐藏法

罐藏法是将水产品密封在容器中，经高温处理，消灭掉绝大部分微生物，借以获得在室温下长期存放的一种保藏方法。罐藏法生产过程包括清洗、非食用部分的清除、切割、检剔、修整、预煮调味或直接装罐、加调味液或免加（即干装）后，经排气密封和杀菌冷却等工序组成。生产上常用的罐藏容器大致可分为金属罐和非金属罐两大类。

### 烟熏保藏法

烟熏保藏法是一种利用木材不完全燃烧时产生的熏烟及其干燥、

加热等作用，使水产品具有较长时间的贮藏性，并使之具有特殊的风味与色泽的水产品保藏方法。水产品在烟熏时由于和加热相辅并进，当温度达到40℃以上时，利用热效应可以杀死部分细菌，降低微生物的数量。在熏制过程中，水产品表层的水分蒸发，降低了制品的水分活度，而且随着水溶性成分的迁移，表层食盐浓度大大增加，熏烟中的甲酸、醋酸等附着在制品的表面上，使其表层的pH下降，从而可以杀死或抑制微生物。烟熏保藏法主要包括冷熏法、温熏法、热熏法、液熏法和电熏法。

### 化学保藏法

化学保藏法是指在水产品的生产和贮运过程中使用化学制品（化学添加剂或食品添加剂）来提高水产品的耐藏性和尽可能保持水产品原有品质的方法。在水产品保藏中，常见的添加剂有山梨酸及其钠、钾等盐类，对羟基苯甲酸酯，丙酸及其盐类等。

### 气调保藏法

气调保藏法是指以不同于大气组成或浓度的混合气体替换包装水产品周围的空气，来抑制或延缓微生物生长和营养成分氧化变质的一种保藏方法。这种方法主要用于水产干制品、鱼糜制品等的贮藏，对防止水产制品氧化酸败等有良好的效果。

### 辐射保藏法

辐射保藏法是指利用电离辐射产生的γ射线或电子束对水产品进行加工处理达到保藏目的的一种方法。γ射线可引起污染水产品的微生物发生一系列物理化学反应，使微生物的新陈代谢、生长发育受到抑制或破坏，杀灭水产品内外部的微生物，延长水产品的保藏时间。

# 水产品保活

水产品保活是指通过降低水体温度、改善流通水体水质环境、麻醉等方法提高水产品在流通过程中的存活率与存活时间的生产活动。

◆ 简史

20 世纪 60 年代，日本开始了活鱼运输设备的研究。60 年代，西班牙、加拿大开始研究运输过程中采用麻醉剂对虹鳟鱼类进行保活运输。中国水产品保活与运输已有悠久的历史，20 世纪初北方地区传统的冰窖保活，当窖温为 5℃ 时，冷水鱼类可保活 5 ~ 6 天；采用活水船等在沿海河流拖运水产品等；50 年代，开始了蟹的保活研究；90 年代以后，水产品保活流通的研究开始受到关注。由于不同种类的鱼、虾、贝、蟹等水产品生理活动存在较大差异，因此其保活流通方式差异很大。中国已开展保活运输的淡水养殖品种主要有鳜鱼、鲈鱼、鲫、黄姑鱼和中华绒螯蟹等；海水养殖品种主要有大菱鲆、黑鲷、牙鲆、对虾、石斑鱼、扇贝、牡蛎、蛤类和蟹类等。

◆ 原理

水产品保活是通过降低水产动物在流通过程中的新陈代谢与应激反应，提高水产品的成活率，减少其营养成分的损失，达到延长保活时间、尽可能地保持水产品优良的食用品质的目的。

◆ **方法**

根据水产品保活流通过程中的环境条件可分为有水保活与无水保活两种方式。

有水保活。有水保活是通过改善流通水体的水质环境、降低水产动物的代谢强度与应激反应，达到保活流通的目的。水产品保活包括循环水保活、增氧保活、低温保活和麻醉保活。

循环水保活。循环水保活是在水产品流通中采用添加各种缓冲体系、抑菌剂、活性炭等降低流通过程中水质的恶化、防止鱼体中毒，从而达到保活的目的。如在运输箱体底部覆盖适量的膨胀珍珠岩或活性炭可吸附鱼类代谢产生的废物以净化水质；在一些观赏鱼的流通过程中使用硝化细菌以降解水质中有毒氨类物质。

增氧保活。增氧保活是最常用、便捷的水产品商业运输方法。增氧保活有曝气和包装充氧两种形式。曝气是有水保活流通中常用增氧措施，既能维持水中溶氧量，又可降低二氧化碳浓度。常用的曝气方式主要有压缩气态氧、液态氧、搅拌器和供氧机等。运输时根据距离、时间选择何种曝气方式，如中短途可选用压缩气态氧和液态氧、高密度长时间的运输可将供氧机和搅拌器结合使用。20 世纪 50 年代首次在观赏鱼的运输中采用包装充氧保活方式，后来逐渐发展成熟，其主要过程是在排尽空气的包装袋中加入适量的水和活鱼，充满氧气后封口运输。运输时为防止包装袋破损，袋外常用泡沫箱保护。

低温保活。低温可有效降低水产动物的新陈代谢速度与呼吸强度，减少二氧化碳、氨、乳酸等的生成，增加水体中溶氧量，同时可抑制微生物的生长，从而有利于水产动物的保活流通。在鱼类、虾类、蟹类及贝类都有广泛应用。将鱼、虾、蟹、贝类在水中通过降温处理，使其适应低温环境，再放入预先放有少量冰块的泡沫箱内，箱内每层水产品之间的填料可以采用消毒过并预冷的木屑，以提高运输存活率。

麻醉保活。见麻醉保活。

无水保活。无水保活是通过诱导休眠或麻醉的方法降低水产品的代谢强度与应激反应，在无水或雾态环境下进行保活流通的方法，包括生态冰温无水保活与麻醉无水保活。与有水保活相比，无水保活具有低成本、低损耗的特点，虾、蟹、贝类多采用无水保活流通，如罗氏沼虾、中华绒螯蟹、虾夷扇贝和牡蛎等。

生态冰温无水保活。水产动物属于冷血动物，都有一个固定的生态冰温，在生态冰温区内，采用 $0.5 \sim 3℃/$ 时的速率降低水温，使鱼虾类处于休眠或半休眠状态，此时生命活动降至最低，从而达到保活流通的目的。如黄颡鱼在 2℃ 纯氧状态下可无水保活 24 小时；紫贻贝用真空包装并置于 4℃ 保藏可以存活 9 天；3℃ 条件下大菱鲆无水保活 60 小时后，存活率达 95%。生态冰温无水保活在虾类、蟹类及贝类中也已得到广泛的应用。

麻醉无水保活。利用麻醉剂对水产品进行麻醉处理后，水产品的代谢与呼吸降低，可在无水的环境下存活一定时间，达到无水保活的目的。间氨基苯甲酸乙酯甲磺酸盐（MS-222）处理可将鲫无水保活时间延长到 30 小时，鲫经过丁香酚麻醉，在 8℃ 无水保活时间可达 38 小时，且肌肉质量没有改变，恢复后所有的应激反应也随之消失。日本学者将纳米级的二氧化碳气泡与氧气一起通入 20℃ 的海水中可以麻醉保活三线矶鲈长达 22 小时。

◆ **影响因素**

水产品在流通过程（运输、暂养和销售）中的存活率受到多种因素的影响，首先，水产品的品种不同、健康状况不同，对环境的耐受能力也不同，因此不同的水产品种要选择适宜的保活流通方式。其次，水产动物经过暂养过程可减少保活过程中肠道废物排泄而引起的水质恶化，同时可降低保活过程中的呼吸代谢，减少捕捞导致的应激反应，达到提高保活运输质量的目的。最后，在运输过程中的环境因素，如保活温度、氧气、二氧化碳、盐度、水质、运输密度及外界刺激（如温度的变化、剧烈的震动、强烈的光照和噪声等）等均影响水产品的保活。

## 低温保活

低温保活是通过精密的温控技术或直接在水体中加冰的方式提高水产品在流通过程中存活率的方法。低温保活是通过调控水产动物的环境温度，从而有效降低水产动物的新陈代谢速度与呼吸强度，减少二氧化碳、氨、乳酸等的生成，增加水体中溶氧量，同时可抑制微生物的生长，达到延长水产动物保活时间的目的。

◆ **简史**

低温保活起源于中国北方地区传统的冰窖保活。当窖温为 5℃ 时，活鱼可保存5～6天。中国藏冰历史久远，藏冰的井洞古人称之"冰窖"。据记载，《周礼·天官·凌人》云："凌人，掌冰。正月十有二月，令斩冰，三其凌。"入春以后，气温渐高，冰会逐渐融化，所以要把估计用冰量的3倍存入冰窖，故称"三其凌"。清人杨静亭《都门杂咏·冰窖》诗云："寒夜截来三尺阔，沿河高耸水晶山。"1976年，秦雍城遗址考古曾发现春秋时冰窖一座，其藏冰量竟超190米立方。20世纪90年代，日本对低温有水保活运输技术进行了大量试验研究，其采用回流水槽进行循环活水降温的方式保证鲍鱼环境水温维持在10℃以下，鲍鱼从澳大利亚运至日本，到达目的地后存活率达94%。

◆ 原理

低温能降低水产动物的代谢速率与应激反应，当环境温度降至水产动物生态冰温零点（区分生死的临界温度）时，水产动物的呼吸与代谢速率降至最低，处于一种休眠状态，从生态冰温零点到结冰点的温度范围为生态冰温区，在生态冰温区内，水产动物即使脱离原有的生活环境也能存活一定时间，达到保活的目的。

◆ 类型

低温保活根据是否载水又可分为低温有水保活和低温无水保活。

**低温有水保活**

低温有水保活是将水体与水产品的温度降至环境温度以下，以降低水产动物的代谢强度、控制环境劣化的保活方法。低温有水保活通常采用运输袋或具有温控设备的运输车，将水产动物放在装有一定量水的运输袋、箱或车内，采用曝气或包装充氧的方式维持水体氧气环境、控制水体温度低于外界环境温度，减少水产动物的活动与呼吸，降低其在水体中的耗氧量，减少代谢产物的排泄，从而达到延长活体运输的时间。如有水保活流通的适宜温度，中国对虾为 12 ～ 15℃，日本对虾为 8 ～ 10℃，凡纳滨对虾为 12 ～ 16℃，罗氏沼虾为 15 ～ 17℃，脊尾白虾为 7 ～ 10℃。

**低温无水保活**

低温无水保活是指采用精密控温技术使环境温度缓慢降至水产动物的生态冰温区（从临界温度到冻结点的温度范围），使水产动物处于呼吸与代谢较低的休眠或半休眠状态，在无水或雾态状态下进行保活流通。通常生活在北方水域的水产动物，临界温度在 0℃ 左右，而生活在较暖水域中的水产动物临界温度多在 0℃ 以上。从生态冰温零点到结冰的这段温度范围叫生态冰温区。温度降至该区域时水产动物可进入休眠状态，为无水保活提供了条件。如，魁蚶的冰温区为 -2.3 ～ 0℃，经 18 天存活率为 100%；菲律宾蛤仔的冰温区为 -1.7 ～ 1.5 ℃，7 天后存活率仍为 100%。大菱鲆的生态冰温区为 -1 ～ 4℃，在 3℃ 条件下大菱鲆无水保活 60 小时后，存活率达 95%。

鲜活水产品是水产品的最主要消费形式，低温保活是鱼、虾、贝等水产品保活流通过程中一种常用和有效的方法，它可以在保持水产品存活的前提下最大限度地保持水产品的品质，为消费者提供安全优质的鲜活水产品。

# 充氧保活

充氧保活是水产品在流通过程中按规定要求充入氧气，延长其存活时间的一种保活方式。

充氧保活在水产品保活流通中应用较广。20 世纪 50 年代，最早在观赏鱼的运输中采用纯氧的保活方式。压缩气态氧、液态氧都已在水产品保活中有广泛应用。如在鳜鱼、鲈鱼、鲇鱼等淡水鱼类的长距离运输中采用压缩气态氧进行保活，在凡纳滨对虾的空运中采用纯氧进行保活。

氧气能够维持水产动物新陈代谢的有氧呼吸活动，同时可抑制厌氧菌的生长，保持水产品的色泽，故通过充氧确保水体的溶氧不低于水产动物的窒息点，可在一定时间内实现高密度保活运输。

充氧保活主要有两种形式：①先排尽包装袋中的空气，以鱼、水、氧气的比例为 1：1：4 加入适量的水和活鱼，充氧后封口运输。运输时为防止包装袋破损，袋外常用泡沫箱保护。②在运输车内整齐摆放装有合适比例鱼和水的塑料桶或专用运输箱，将连接氧气钢瓶或空气泵的管子插入塑料桶或箱内，在整个运输过程中保证桶或箱内的氧气含量，以提高保活运输率。如黄颡鱼在低温无水充氧的环境下可以存活 24 小时；海湾扇贝在充氧保湿条件下，低温无水保活 20 天仍保持良好的鲜活状态，营养损失和品质风味变化均较小。

在运输过程中保持环境中氧气充足能提高水产品的存活时间，提高运输效率。

## 麻醉保活

麻醉保活是采用化学或物理方法在保活前使水产动物麻醉或在保活中加入麻醉剂而达到延长保活时间目的的一种保活方式。

### ◆ 简史

20世纪50年代，人们在活鱼运输中开始使用鱼用麻醉剂。1972年，日本学者发现丁香酚对鱼有强烈的麻醉作用，开始系统研究丁香酚的麻醉效果。

### ◆ 原理与类型

麻醉能够抑制水产动物神经系统的敏感性，降低其对外界环境的刺激反应，使水产动物失去反射功能，降低新陈代谢速率和呼吸强度，从而达到延长保活时间、最大限度保持水产品良好的食用品质的目的。根据麻醉方式将麻醉保活分为化学麻醉保活和物理麻醉保活。

#### 化学麻醉保活

在保活过程中加入化学麻醉剂，麻醉首先作用于脑皮质，使触觉丧失，再作用于基底神经节和小脑，最后作用于脊髓，使鱼体进入麻醉状态的麻醉保活方式。化学麻醉剂作用于水产动物的效果与水产品种类及个体大小、所用麻醉剂的品种和用量、温度、操作方法等都有很大的关系。常见的麻醉剂有间氨基苯甲酸乙酯甲磺酸盐（MS-222）、丁香酚、丁香油和二氧化碳等，根据水产品的种类、保活的时间和运输量选择麻醉剂。

间氨基苯甲酸乙酯甲磺酸盐是应用最为广泛的麻醉剂，其在清水中活鱼肌肉内的代谢时间约12小时。间氨基苯甲酸乙酯甲磺酸盐用药浓度低、入麻快、复苏快、无毒副作用，也是已通过美国食品药品监督管理局认可的用于食用鱼的麻醉剂，但是美国食品药品监督管理局要求使用间氨基苯甲酸乙酯甲磺酸盐麻醉运输鱼后需要 21 天的药物消退期才可以在市场上销售。间氨基苯甲酸乙酯甲磺酸盐主要应用于中华鲟、施氏鲟、斑马鱼和半滑舌鳎等鱼类。间氨基苯甲酸乙酯甲磺酸盐处理可将鲫鱼无水保活时间延长至 30 小时。

丁香酚是常用的一种植物提取物类麻醉剂，是从丁香树的花朵、茎和叶子中提取的一种有酚酸类物质。丁香酚在医学上作为牙科的局部麻醉剂，在食品工业中作为一种食品香料。美国食品药品监督管理局将丁香酚列为公认安全物质名单，根据其规定，丁香酚在食品中的最大添加使用量为 1500 毫克 / 千克，联合国粮食及农业组织、世界卫生组织对丁香酚的每日容许摄入量（ADI）为 2.5 毫克 / 千克。丁香酚及其代谢物能快速从血液及组织中排出，不会诱导机体产生有害物质。与 MS-222 相比，它的优点在于成本低、剂量低、安全度高、潜在死亡率低。新西兰、澳大利亚、芬兰等国认为丁香酚没有残留期，是合法的水产麻醉剂；日本、新西兰、澳大利亚、智利等国家都明确允许使用丁香酚作为水产麻醉剂，水中直接投放量通常在 10～100 毫克 / 升。鲫鱼经过丁香酚麻醉，8℃ 无水保活时间可达 38 小时。日本明确丁香酚作为渔用麻醉剂，使用其休药期鱼类 7 天，甲壳类 10 天。

二氧化碳对鱼类也有较好的麻醉性能。二氧化碳可以采用充气的方式也可以采用化学反应生成，如碳酸氢钠和盐酸。二氧化碳麻醉鱼没有药效消退期规定，经二氧化碳处理过的鱼可以直接销往市场。但是该法麻醉时间和复苏时间比较长，并且无法控制最终麻醉剂量。纳米级的二氧化碳气泡与氧气一起通入 20℃ 的海水中可以麻醉三线矶鲈，保活 22 小时。在鲫、罗非鱼、军曹鱼等淡、海水鱼类中都可采用二氧化碳麻醉保活。

### 物理麻醉保活

物理麻醉保活主要采用一定的物理刺激抑制水产动物的神经系统，降低其对外界刺激的反射强度。物理麻醉保活主要包括电流麻醉及针灸麻醉。如采用脉冲电场对大菱鲆进行电击后无水保活，24 小时的存活率达 100%。非洲鲇鱼电麻后立刻转入 8.7℃ 的冷水中，87% 的鱼体丧失感觉或意识，达到良好的麻醉效果。

### ◆ 应用

水产动物麻醉是一个渐变的过程，化学麻醉剂浓度过大或物理麻醉强度失当会导致鱼体死亡。化学麻醉保活具有麻醉效率高、方便易操作等优点，但此法对运输对象、环境及食用人群具有一定的影响，应严格按照相关规定使用。在使用麻醉剂时应注意以下问题：①麻醉剂的反复使用对食品安全和鱼体的危害。②鱼在麻醉液中的最长浸泡时间。③麻醉过深后如何急救等。物理麻醉保活相对于化学麻醉保活安全性较高。

# 水产品保鲜

水产品保鲜是采用物理、化学或生物方法抑制或延缓鱼类等新鲜水产品的腐败和变质，保持其良好新鲜度和品质的方法。

水产品组织的易腐性决定了在水产品捕获后需要及时而有效的保鲜处理。水产品保鲜的目的是通过抑制内源酶的作用和微生物的生长繁殖，延长僵直期，抑制自溶作用，推迟腐败变质进程。鱼贝类的保鲜通常用物理、化学或生物方法，延缓或抑制生鲜鱼贝类的腐败变质，以保持其新鲜状态与品质，保持它原有的鲜度质量、食用质量与商品价值。保鲜过程应考虑一切影响食用价值和商品价值的各种因素，包括微生物繁殖、脂肪氧化、蛋白质变性、鱼体死后变化对鲜度质量的影响，以及其他物理和化学因素引起鱼贝类质量变化等。

常用的保鲜技术包括低温保鲜（冰温保鲜、冷海水保鲜、微冻保鲜和冻藏保鲜）、气调保鲜、化学保鲜、辐照保鲜和生物保鲜等。其中，使用最早、影响最广的是低温保鲜。

低温保鲜在现代人工制冷技术发明以前，主要限于寒冷地区、季节使用天然冰雪或天然冷冻来保持鱼贝类的鲜度。天然冰在水产品保鲜历史上占有突出地位。根据历史的记载，中国元代渔民出海捕鱼，就已在船上装有天然冰。19 世纪 80 ～ 90 年代，俄国、美国及西欧开始将人工制冷的低温保鲜用于水产品的保藏运输。直到 20 世纪 40 年代，随着冷冻冷藏技术的不断改进，扩大了低温保鲜的使用规模，形成了海上生产用冰、陆上贮藏运输用冷冻的水产品保鲜体系。20 世纪 50 年代后，世界渔业捕捞生产从近海转向远洋，直接在船上冻结已成为渔获物保鲜不可或缺的条件，并促进岸上冷冻保鲜的发展。装有冷冻与冷藏设施的捕捞船、加工船和运输船迅速发展，远洋渔业生产的渔获质量也能得到保证。近海作业的渔船除带冰出海外，同时装上制冰设施和保温舱，提高了冰藏保鲜的效果。冰温技术由于水产品其水分是不冻结的，因此能利用的温度区间很小，温度管理的要求极其严格，使其应用受到限制。微冻保鲜技术由于温度正好处于 $-5 \sim -1℃$（即最大冰晶生成温度带），在冻结时为使冻结过程有最大的可逆性，通过该温度带时要尽可能快，否则会因缓慢冻结而影响水产品的质量，所以将微冻作为保鲜方法曾受到人们的质疑。但随着科学技术水平的提高，将冰晶生物学和生物物理学等交叉学科应用于食品冷藏工艺学的研究，发现在微冻时鱼体中有相当的水转化为冰，同时组织液的浓度增加，介质 pH 下降 $1 \sim 1.5$，所有这些因素对微生物都有不利影响，从而使微冻用于水产品保鲜成为可能。鱼类的微冻保鲜温度因鱼的种类、微冻方法而略有不同。

由于消费者对于含更少防腐剂的新鲜和冷藏方便食品的需求的增长，气调保鲜在应用和市场份额方面有了显著的扩大。随着化学工业和食品科学的发展，天然提取的和化学合成的食品保鲜剂逐渐增多，食品化学保鲜技术也获得新的发展，成为食品保藏技术不可或缺的一种。水产品辐照保鲜技术诞生于 20 世纪中叶。1950 年，美国科学家对鲭鱼进行辐照保鲜，开创了水产品辐照保鲜研究和应用的先河。与传统的加工保藏技术相比，辐照处理过程食品内部温度不会增加或变化很小，故有"冷杀菌"之称。自然界生物种类繁多，生物活性物质资源丰富，因而可开发的生物保鲜剂来源广泛。生物保鲜技术以其天然、无毒、安全的特点备受人们喜爱，对水产品的生物保鲜研究更趋向于专业化、多样化和高效化。另外，在复合生物保鲜剂的基础上，还可以结合传统的保鲜技术，如冰温保鲜和气调保鲜等，可更大程度地提高水产品保鲜效果。

## 气调保鲜

气调保鲜是以不同于大气组成或浓度的混合气体替换包装食品周围的空气，来抑制或减缓微生物生长和营养成分氧化变质，在整个储藏过程中不再调节气体成分或浓度，并选择合适的包装材料和冷链温度以尽可能延长水产品保质期的一种保鲜方法。气调保鲜也是一种与低温保藏结合应用的保鲜法。

◆ 简史

人们认识到改良气体具有延长食品货架期的效果已经有许多年的历史，关于改良气体应用的报道可以追溯到 20 世纪 20 年代，1928 年在商业上开始得到应用，但未得到广泛重视，直到 20 世纪 40 年代美国开始兴建气调库用于苹果贮存获得明显效益，于是各国相继仿效，气调贮藏迅速发展。

◆ 原理

气调保鲜在保持适宜低温的同时，降低环境气体中氧气的含量，所用气体为二氧化碳与氧气的混合物，有时掺加氮气作为惰性填充剂，用以代替空气在低温的库房或容器中进行鱼虾等的保鲜贮藏，其质量和期限要比单独使用低温保藏更好更长。气调保鲜延长水产品货架期的原理是：①由于二氧化碳干扰了水产品细胞酶系统的某些功能，因而抑制了细菌的代谢作用。②溶解于水中的二氧化碳降低了鱼体 pH，造成不利于不耐酸微生物的生活环境，有效抑制细菌的生长。③在同温同压下二氧化碳在水中的溶解度是氧气的 6 倍，渗入细胞的速度是氧气的 30 倍。由于二氧化碳的大量渗入，影响细胞膜的结构，增加膜对离子的渗透力，改变膜内外代谢作用的平衡，从而使细菌生长受到抑制。④二氧化碳可直接改变蛋白质的生化特性。氧气能抑制厌氧菌的生长，促进好氧菌的生长。⑤氮气是惰性气体，作为填充气体起到平衡缓冲作用。

◆ **特点**

气调保鲜通过减少环境中的氧气含量及低温贮藏使水产品在贮藏期里能较好地保持原有天然质地、风味和营养，同时提高货架期。真空包装可隔绝氧气防止氧化和抑制微生物的生长，但在无氧条件下肌红蛋白无法与氧气发生反应生成鲜红色氧合肌红蛋白，易影响色泽等感官指标。相比于冻藏保鲜、冷藏保鲜、微冻保鲜等常见的保鲜技术，气调包装保鲜技术可以从减少或隔绝氧气、抑制细菌腐败和保持水产品新鲜色泽 3 个方面优化保鲜工艺。

◆ **影响因素**

影响气调保鲜效果的因素主要包括原料类型和新鲜程度、气体的配比、储藏温度和包装材料。活杀的淡水鱼比海水鱼的保鲜效果好，海水鱼中海鳗和带鱼比小黄鱼的保鲜效果好。如果原料鱼在包装前已超过规定的卫生指标，则效果就大大减弱，只有原料本身的细菌数少才可保证有足够长的货架期。提高二氧化碳的浓度可使好氧菌生长速率减缓，对于低脂鱼气调包装，其混合气体宜由二氧化碳、氮气和氧气组成，但对于多脂性鱼类的气调保鲜，混合气体应由二氧化碳和氮气组成，以避免脂肪氧化引起酸败。低温下二氧化碳的溶解性提高，使食品的 pH 下降，因此二氧化碳在低温下的抑菌效果高于常温。在气调保鲜中二氧化碳是防止水产品变质的主要组分，故选择包装材料时一般以二氧化碳的透气率来确定。

◆ 应用前景

在中国，食品气调包装的应用已较为普及，有关气调包装设备、包装材料的生产应用都已具备。因此，气调包装结合其他保鲜技术将具有重要的实际应用价值和良好的发展前景。

## 低温保鲜

低温保鲜是指低于 0℃ 以下温度保持水产品鲜度的方法。低温保鲜一般也称为冷冻和冷却保鲜。

◆ 简史

利用低温保藏食品是古老的保鲜方法之一。19 世纪后半叶，美国出现了在绝热箱中利用冰盐冻结的商业化的冷冻鱼类制品，从此，冷冻食品的研究和制造逐渐兴盛。1875 年，利用氨制冷的大型制冷设备出现后，更促进了冷冻食品的商业化发展。19 世纪末 20 世纪初，鱼类、甲壳（虾、蟹等）类以及各种农产品的冻结技术相继成熟。20 世纪 30 年代，速冻技术在美国获得成功。50 年代，关于冷冻食品品质的一系列研究成果应用到生产实际中并取得成效。自此，冷冻食品进入了高速发展阶段。

◆ 原理

引起鱼类等水产品腐败变质的细菌主要是嗜冷性菌类，其生长的最低温度为 -7 ～ -5℃，最适温度为 15 ～ 20℃。如低于最适温度，微生物的生长即被抑制；低于最低温度则停止生长。大多数细菌在 0℃ 左右生长就延缓下来。在低温范围内，温度稍有下降即可显著抑制细菌的生长。

在冻结温度下微生物被抑制除因低温的效果之外，还由于鱼体水分冻结降低了水分活度。此外各种内源酶的活性也随温度下降而减弱，在 -20℃ 左右时被显著抑制，-30℃ 以下时几乎停止。鱼体死后的化学变化如油脂的氧化反应速度也随温度下降而显著减低。但由于不同鱼类的化学成分和肌肉结构存在差异，在低温下的保鲜效果也不完全相同。

◆ 类型

低温保鲜包括低温下冻结贮藏和非冻结贮藏两个方面。鲜水产品的低温保藏方法主要包括冰藏保鲜、冷海水保鲜、冰温保鲜、微冻保鲜和冻藏保鲜。

### 冰藏保鲜

冷藏保鲜是一种广泛应用于水产品的保鲜方法。冷藏保鲜是以冰为介质，将鱼贝类的温度降低至接近冰的熔点，并在此温度下进行保藏。由于冰冷和冰藏是两个连续的、难以区分的过程，故通常合称为冰藏。

冰藏使用的冰有淡水冰和海水冰两种，其熔点分别为 0℃ 和 -2℃（海水冰通常无固定的熔点）。由于冰的冷却能力大，与鱼体接触无害，价格便宜，便于携带，并在冷却过程中使鱼体表面湿润、有光泽，避免了使用其他方法常会发生的干燥现象。因此，冰对于鱼类来说是一种很好的冷却介质。冰藏保鲜是世界上历史最长的传统保鲜方法，因冰藏鱼接近鲜活水产品的生物特性，故至今仍是世界范围广泛采用的一种保鲜方法。

### 冷海水保鲜

冷海水保鲜是将鲜鱼浸于温度为 -1 ～ 0℃ 的冷海水中进行保鲜。此法主要是根据海水在 0℃ 以下才结冰的原理。冷海水保鲜优点显著，可以大批量处理水产品，因此主要应用于品种较为单一、渔获量高度集中的围网作业和运输船上。在渔船上应用时须先用冰或制冷设备使海水冷却。如将鱼体浸在冷海水内冷却至 0℃ 后取出改用冰保藏，则效果更好，其保藏期为 10 ～ 20 天。但冷海水保鲜降温时间长，死鱼体内的腺苷三磷酸分解，产生大量的热量会促使内源性蛋白水解酶活性增强，对鱼肉肌原纤维蛋白产生不良影响。此外，鱼体降温不及时还易招致水产品腐败菌的滋生。因此，此方法并不适合大型鱼类。

### 冰温保鲜

冰温保鲜是以 -1℃ 为中心温度的保鲜方法。20 世纪 70 年代，由日本水产品保鲜专家率先提出。利用冰温保鲜的水产品，其新陈代谢速度放缓，除能够较好地保持活体性质和原有的感官品质外，还能对微生物的生长繁殖和水产品内部的脂质氧化及非酶褐变等化学变化起抑制作用。冰温保鲜是广泛应用的保鲜方法。冰融化时可吸收大量热量以降低鱼体温度，融化的水还可冲洗去鱼体上所附细菌及污物。对鲜鱼时常使用小的冰块或冰片以一层鱼一层冰的方式保藏。保藏时间因水产品的种类和保藏条件而异，一般为 7 ～ 14 天。冰温贮藏的缺点也很明显，可利用的温度范围狭小，一般为 -1 ～ 1℃，故温度带的设定和维持十分困难，不易控制，一旦失误易造成经济损失。

### 微冻保鲜

微冻保鲜是将水产品温度降到冻结点以下（一般为 -3℃ 左右）的一种轻度保鲜方法，也称过冷或部分冷却。微冻保鲜应用于渔船上，以低温海水或低温盐水在鱼体之间循环流动，经微冻后保藏在鱼舱内。微冻温度为 -2 ～ -3℃，使鱼体内的水分部分冻结，保藏温度为 -3℃ 左右，其保藏期可达 20 ～ 30 天。与传统冻藏相比，微冻保鲜可降低冻结过程中冰晶对产品造成的机械损伤、细胞的溃解和气体膨胀，而且食用时无须深度解冻，可以减少解冻时的汁液流失，保持食品原有的鲜度。但精确控温设备及温度精准控制技术仍是微冻保鲜面临的主要问题和挑战。

### 冻藏保鲜

冻藏保鲜是利用低温将鱼贝类的中心温度降至 -15℃ 以下，体内组织的水分绝大部分冻结，然后在 -18℃ 以下进行贮藏和流通的低温保鲜方法。当水产品在冻结状态时，生成的冰晶使微生物细胞受到破坏，导致其丧失活力而不能繁殖；同时，酶的反应受到严重抑制，水产品的化学变化变慢。因此，冻品在贮藏流通过程中如能保持连续恒定的温度，可在数月甚至 1 年内有效地抑制微生物和酶类引起的腐败，使鱼贝类能长时间较好地保持原有的色香味和营养价值。

◆ **应用**

低温贮藏保鲜技术是一种古老而又新兴的技术，且是水产品最为常用的一种保藏技术，在水产品行业具有广阔的前景以及举足轻重的地位。而食品速冻技术是国际公认的最佳食品贮藏技术之一，能够延长食品的保鲜期限并保持食物原有的品质。此外，基于低温冷藏技术的食品冷链体系也促进了食品的跨地域流通，这对水产品行业乃至整个食品行业都具有重要意义。

## 生物保鲜

生物保鲜是指在水产品中加入生物源物质或活菌来抑制或延缓鱼类等鲜水产品腐败变质，保持其良好鲜度和品质的方法。

◆ **简史**

最早可追溯至中国宋元时期（8 世纪末～14 世纪中期），当时便有用蜂蜡涂覆柑橘表面用于延长贮藏时间的记载。而对现代生物保鲜技术的研究主要起源于 20 世纪初期的西方，发展于 50 年代，繁荣于 90 年代。其间，众多生物保鲜剂如乳酸链球菌、茶多酚、溶菌酶等相继被联合国粮食及农业组织、世界卫生组织等机构确认为食品添加剂，从而促进了生物保鲜技术的发展。

◆ **类型**

生物保鲜剂来源于生物体自身组成成分、代谢产物或活菌，安全无毒、可被生物降解、不会造成二次污染。生物保鲜按保鲜剂类型可分为植物源性保鲜、动物源性保鲜和微生物源性保鲜。

### 植物源性保鲜

植物源性保鲜是采用植物源性保鲜剂对水产品保鲜的一种方式。植物源性保鲜常用的保鲜剂包括中草药物、植物精油、酚类物质（茶多酚、儿茶素、倍儿茶素、表儿茶素、表没食子儿茶素）、生物碱和植物多糖（海藻酸钠、魔芋葡聚糖）等。植物精油指从芳香植物的根、茎、叶、树皮、种子或果实中提取的具有挥发性的油脂，是植物提取物中发挥杀菌作用的重要成分。酚类物质存在于松树、胡麻、紫苏等植物中，抗氧化能力较强，而且具有广谱抑菌能力。生物碱是存在于植物根、茎、叶、树皮和种子内的一类含氮的碱性有机化合物，具有类似碱的性质和显著的生物活性。从植物中提取的天然多糖类化合物无毒无味，可生物降解，具有优良的分散性、保湿性、成膜性、抗菌性及生物相容性等特点，且成本较低。

### 动物源保鲜

动物源性保鲜是采用动物源性保鲜剂对水产品保鲜的一种方式。动物源性保鲜剂是从动物体内提取的天然抗菌活性成分，或由动物分泌物得到，主要包括壳聚糖、蜂胶和胶原蛋白等。壳聚糖是 α- 氨基 -D- 葡胺糖通过 β-1,4- 苷键联结的一种直链多糖，壳聚糖具有较好的成膜性和抗菌性，被广泛应用于水产品保鲜中。蜂胶是经蜜蜂采集加工的一种胶状固体物质，具有良好的成膜性，可在水产品表面形成一层保护膜。此外，蜂胶中含有黄酮等物质可有效抑制腐败微生物的繁殖。胶原蛋白具有良好的成膜性，可阻气、阻油、阻湿，能保证水产品的品质和卫生安全，还可以加强食品的营养。

### *微生物源性保鲜*

微生物源性保鲜是采用微生物源性保鲜剂对水产品保鲜的一种方式，主要应用细菌、霉菌、放线菌和酵母菌等产生的次级代谢产物（乳酸链球菌素、有机酸）以及某些菌体本身（乳酸菌），以菌制菌。乳酸链球菌素是乳酸链球菌发酵产物中提取制备的一类多肽化合物，乳酸链球菌素可延迟鱼中肉毒梭菌芽孢毒素的形成，延缓鱼类的腐败变质。乳酸菌是一种食品级的微生物，其在生长中产生的细菌素、过氧化氢及有机酸等物质可抑制腐败微生物的生长繁殖，从而延长水产品货架期。

#### ◆ 作用机制

生物保鲜的一般机理是隔绝食品与空气接触，延缓氧化作用，或是生物保鲜剂本身的抑菌作用实现保鲜防腐。①含有抗菌活性物质抑制或者杀死食品中的腐败菌，减缓值的上升，保持水产品鲜度，如壳聚糖、溶菌酶、乳酸链球菌素、有机酸等。②抗氧化作用，防止食品中不饱和脂肪酸氧化造成品质劣变，如茶多酚。③抑制酶活性，防止水产品变色，保持良好的感官性状。④形成一层保护膜，防止水分流失和腐败菌污染，保持水产品品质，如壳聚糖。

## 辐照保鲜

辐照保鲜是指应用钴-60或铯-137等放射性物质的γ射线或线性加速器发出的电子束（能量不大于10兆电子伏特），或X射线（能量不大于5兆电子伏特）照射鱼虾等水产品，以抑制或杀灭微生物并保持其鲜度的一种保鲜方法。

◆ **简史**

水产品辐射保鲜技术诞生于 20 世纪中叶。1950 年，美国科学家 J.T.R. 尼克森等首次以钴 -60 的 γ 射线对鲭鱼进行辐射保鲜，开创了水产品辐射保鲜的研究和应用先河。截至 2024 年底，已有 20 多个国家批准了各类水产品辐射保鲜技术的应用。中国于 2002 年 3 月开始执行 17 个产品的辐照加工工艺标准，并于同年 4 月成立辐照产品质量监督检验测试中心，以加强全国辐照产品和辐照设施的管理。

◆ **原理**

当高速运动的电子或 γ 射线一类的电磁波具有足够大的能量和穿透力时，它能使电子脱离物质的原子或分子形成电离辐射。电离辐射通过水产品时，可破坏细胞结构，对微生物有抑制和致死作用。此外，水产品中存在的大量水分子在电离辐射作用下产生各种自由基及其反应产物，可间接地对微生物产生致死或抑制作用。

◆ **特点**

**生产效率高**

辐照保鲜中的辐射装置的一次性投入成本不仅比常用的冷库低，且建成后的运转费用也相对较低，与传统的水产品保鲜加工技术相比，辐射保鲜技术的耗能比传统保鲜技术消耗的能源要省几倍甚至几十倍。据估计，每千克辐射水产品仅增加成本 0.1 ～ 0.3 元，而辐射后的水产品利用时间和季节差价每千克可提价 3 ～ 5 元，投入产出比高达百倍以上。

### 安全防护性好

微生物腐败是水产品产生腐败的重要原因之一。由于射线具有极强的穿透力，因此能杀灭水产食品中的沙门氏菌、大肠杆菌、金黄色葡萄球菌、副溶血性弧菌、志贺氏菌等肠道病原菌及其他寄生虫，以避免水产品失去食用价值和商品价值。辐射保鲜处理对任何材料和形式包装的水产品均可起到延缓自身代谢、降低微生物数量和抑制微生物生长，延长保鲜期的作用，提高水产品的卫生质量。辐射处理一般在产品包装好后进行杀菌，样品不再与外界环境发生接触而发生二次污染。

### 风味和品质好

水产品的辐射处理不像其他化学试剂和添加剂那样会留下有害的残留物；辐射保鲜技术属于冷加工，因此不会破坏水产品的食品结构和营养成分，易于保持水产品的色、香、味和外观品质；不存在每日摄入量的限制；不像加热蒸煮方法那样破坏水产品的鲜味与营养成分。

### ◆ 影响因素

### 剂量

剂量的大小直接影响辐照的作用。一定范围内，剂量大，杀菌效果好。研究表明，剂量在0.1～1千戈瑞，可抑制微生物的生长和繁殖，提高水产品的保质期；剂量在5～10千戈瑞，可杀灭某些非芽孢致病菌，如沙门氏菌、大肠杆菌和葡萄球菌等。但剂量过大，则必须考虑辐照对蛋白质分子结构、脂肪等的影响。为保证水产品质量，通常应根据水产品种类及处理指标将剂量限制在合适的范围内。

### 介质与状态

辐照介质的组成会影响辐照对微生物的灭菌效果。不同加工方式的水产品，其合适的辐照剂量差异很大，食品添加剂也会改变辐照效果。如辐照前肉类食品中加入少许三聚磷酸钠和氯化钠，可以防止汁液在辐照时渗出，保护食品的水分，又可增加微生物对辐照的敏感性，降低辐照剂量。食品状态不同，要求的剂量也不一样，一般而论，新鲜状态且污染较轻的食品辐射剂量要小些。

### 微生物种类

微生物种类不同，其对辐照的耐受能力不尽相同。一般认为生活史越简单的微生物，其对辐照的耐受作用越强；反之，生活史越复杂的微生物，其对辐照越敏感。如病毒比细菌对辐照的抵抗力强，细菌比霉菌强。因而对水产品辐照时，要充分考虑受污染的微生物种类，而选择适宜的辐照剂量。

### ◆ 评价

食品辐射保鲜技术是继承传统的保鲜贮藏方法之后又一发展较快的新技术和方法，具有投入少、穿透性强、无残留等特点，在延长水产品货架期和保证水产品的卫生质量方面具有技术优势。

## 化学保鲜

化学保鲜是一种通过加入化学物质来抑制或延缓鱼类等鲜水产品腐败变质，保持其良好鲜度和品质的方法。

随着化学工业尤其是煤焦油工业的发展，科学家发现某些化学物质具有良好的杀菌作用。酚类，如苯酚等作为第一种现代化学杀菌防腐剂最早应用于外科消毒。随后，陆续发现将某些化学物质如"苯甲酸"等加入腐败食品中，能够有效延缓其腐败程度的加深。因此，"化学保鲜"的理念也因此诞生。

水产品加工行业采用的化学保鲜方法主要包括添加食品添加剂（防腐剂、抗氧化剂）保鲜、糟醉保鲜、盐藏保鲜、烟熏保鲜等方法。其中，以食品添加剂保鲜尤为普遍。由于化学保鲜剂具高效性，故在水产品保鲜中具有明显成效。但使用化学保鲜剂具有食品卫生安全隐患。因此，添加到水产品中的化学保鲜剂必须符合食品添加剂法规，并严格按照食品卫生标准规定控制其用量和使用范围，以保证消费者的身体健康。

防腐剂指能抑制微生物引起的腐败变质，延长食品保质期的一类食品添加剂。其原理主要包括：①干扰微生物的酶系，破坏其正常的新陈代谢，抑制酶的活性。②破坏微生物的遗传物质，干扰其生存和繁殖。③与细胞膜作用，使细胞通透性增强，导致细胞内物质溢出而失活。抗氧化剂是防止或延缓食品氧化变质的一类物质，抗氧化剂种类很多，其机理也不尽相同，有的是消耗环境中的氧而保护其品质；有的是作为氢或电子供给体，阻断食品自动氧化的连锁反应；还有的是抑制氧化活性而达到抗氧化效果。

糟醉保鲜是利用酒糟、酒对盐制品再加工，以提高水产品的风味和储藏性。糟醉制品在腌制或储藏过程中要注意密封存放，一方面可防止乙醇的挥发；另一方面可隔绝空气，避免好氧菌生长繁殖而导致的腐败变质。盐藏保鲜又称盐腌、腌制，它包括盐渍和成熟两个阶段。水产品在腌制后不仅提高了保藏性，而且也改善了制品的质构、色泽和风味，因而腌制在水产品加工中具有不可替代的作用。烟熏保鲜就是利用木材不完全燃烧时产生的烟气熏制水产品，以赋予水产品特殊的风味并能延长其保质期的方法。水产品在烟熏时通常和加热相辅并进，这样在热因素的影响下有利于增加保鲜效果。同时在热的作用下，水产品表面的蛋白质发生凝固，形成一层蛋白质变性薄膜，又可防止微生物对制品的二次污染。烟熏方法主要包括冷熏法、温熏法、热熏法、液熏法和电熏法。

　　化学保鲜剂最为令人关注的问题就是卫生安全性。因此，添加到水产品中的化学保鲜剂必须符合食品添加剂法规，并严格按照食品卫生标准规定控制其用量和使用范围。

# 本书编著者名单

**编著者** （按姓氏笔画排列）

丁玉庭　　王锡昌　　邓尚贵　　申铉日

刘光明　　李　川　　李兆杰　　李来好

李婷婷　　励建荣　　何云海　　汪秋宽

张　宾　　张晓维　　陈建平　　陈胜军

陈舜胜　　范秀萍　　林　洪　　施文正

姜泽东　　秦小明　　夏文水　　夏光华

顾赛麒　　徐　杰　　曹文红　　章超桦

梁　佳　　曾少葵　　薛长湖　　霍健聪